기초부터 배우는

지반개량 및 환경복원

Ground Improvement Technique & Environmental Geotechnology

이 명 호

청문각

Dedicated

to my family

Prof. GeunSik Lee, Dr. YoungHi Yim, SoYoung, SeungYeon, SeungWhan

for their encouragement and support.

머리말

필자는 환경부에서 주관하는 토양·지하수 관련 전문 인력 양성 과정에서 오랜 기간 강의하면서 건설 관련 기초지식을 쉽게 이해할 수 있는 교재의 필요성을 느끼게 되었습니다. 따라서 토양·지하수 분야로 진출하는 학생들이 흙의 역학적 개념을 이해하는 데 도움을 주고자 기본적인 내용을 중심으로 정리해서 이 책에 담았습니다.

이 책은 건설 분야에서 오래전부터 활용되어 온 지반개량 기술과 환경 분야에서 최근에 적용되고 있는 환경복원 기술을 비교해서 이해할 수 있도록 하는 데 초점을 맞추었습니다. 문장은 최대한 짧고 쉽게 작성하였고, 본문에는 가능한 그림을 곁들여 쉽게 설명하고자 하였습니다.

지반개량 및 환경복원에 관한 이론 및 실무 전반을 기술하기에는 내용이 너무나 방대하기 때문에 가장 중요하다고 생각하는 내용만을 수록하였습니다. 토양·지하수 분야에 입문하는 공학 및 이학을 전공한 학생들이나 환경 및 건설에 관심이 있는 일반인 분들에게도 도움이 되길 바랍니다.

끝으로 이 책이 완성되기까지 아낌없는 조언을 주신 전문가 여러분들과 한 권의 멋진 작품을 완성해주신 청문각 직원 여러분들에게 감사의 마음을 전합니다.

2017년 12월

이 명 호

차례

Chapter 1 지반개량 기초지식

1.1 지반역학 13

1.1.1 흙의 성질 13

1.1.2 유효응력 29

1.1.3 흙의 압축 33

1.1.4 흙의 강도 37

1.2 연약지반이란 45

1.2.1 연약지반의 정의 45

1.2.2 연약지반의 판정 46

1.3 연약지반의 특징 및 분포 47

1.3.1 해성 점토 47

1.3.2 느슨한 모래층 48

1.3.3 고유기질토 48

1.4 연약지반의 문제점 49

Chapter 2 연약지반 개량공법

2.1 연약지반과 건설공사 57

2.2 연약지반 개량공법의 종류 58
2.3 점성토 지반 60
2.3.1 표층처리 공법 60
2.3.2 선행재하 공법 61
2.3.3 연직배수 공법 63
2.3.4 전기침투 공법 69
2.3.5 생석회말뚝 공법 71
2.3.6 침투압 공법 73
2.3.7 치환 공법 75
2.3.8 심층혼합처리 공법 77
2.4 사질토 지반 77
2.4.1 다짐모래말뚝 공법 77
2.4.2 동다짐 공법 79
2.4.3 바이브로플로테이션 공법 80
2.4.4 약액주입 공법 81
2.4.5 폭파다짐 공법 83
2.4.6 전기충격 공법 83
2.5 일시적 지반개량 83
2.5.1 진공압밀 공법 83
2.5.2 웰포인트 공법 84
2.5.3 동결 공법 86

Chapter 3 토양오염 기초지식
3.1 토양 환경 93
3.1.1 토양의 성분과 특성 93

3.1.2 토양의 물리·화학적 성질 94

3.2 토양오염 99

3.2.1 오염물질의 종류 100

3.2.2 토양 및 지하수 오염 116

3.2.3 토양오염의 원인 119

3.3 토양에서 오염물질의 거동 122

3.3.1 오염물질의 이동 123

3.3.2 토양과 오염물질의 상호 반응 127

3.3.3 토양·지하수의 오염 메커니즘 129

Chapter 4 오염토양 정화기술

4.1 지중 처리 137

4.1.1 토양증기추출 138

4.1.2 공기살포 141

4.1.3 바이오벤팅 143

4.1.4 지중 생분해 148

4.1.5 토양세정 150

4.1.6 동전기정화 151

4.1.7 지중 차단벽 157

4.1.8 투수성 반응벽체 163

4.1.9 식물 복원 166

4.2 지상 처리 170

4.2.1 토양세척 171

4.2.2 열처리 174

4.2.3 토양 경작 178

4.2.4 퇴비화 179
4.2.5 고형화·안정화 181
4.2.6 유리화 183

Chapter 5 굴착 및 흙막이

5.1 굴착 191
5.1.1 법면굴착 191
5.1.2 흙막이 192
5.1.3 아일랜드 공법 193
5.1.4 트렌치 공법 194
5.1.5 역타 공법 195
5.1.6 케이슨 공법 196
5.2 흙막이 197
5.2.1 엄지말뚝-토류판 벽체 197
5.2.2 강널말뚝 벽체 198
5.2.3 주열식 벽체 200
5.2.4 흙-시멘트 벽체 201
5.2.5 슬러리월 203
5.2.6 흙막이 지보방식 206
5.3 굴착 시 안정검토 209
5.3.1 보일링 209
5.3.2 히빙 210
5.3.3 측방유동 211

Appendix 토압 및 사면 해석

1 토압 219

1.1 정지토압 221

1.2 벽체 변위에 따른 토압의 변화 223

1.3 주동토압 224

1.4 수동토압 226

1.5 비점성토에서 Rankine의 토압 228

1.6 점성토에서 Rankine의 토압 234

2 사면 해석 237

2.1 안전율 239

2.2 무한사면 241

2.3 유한사면 246

참고문헌 261

Chapter 1

지반개량 기초지식

1.1 지반역학

지반역학(Geomechanics)이란 건설공사에서 구조물의 설치, 지반의 굴착, 성토 등의 대상이 되는 지구 표층부의 흙과 암반에 대해 연구하는 학문으로 20세기 초 과학·기술의 발달과 다양한 이론의 개발로 경제적인 설계와 시공이 이루어지기 시작하였다.

1.1.1 흙의 성질

그림 1.1에 나타낸 바와 같이 지반은 광물 입자인 흙(soil particles)과 흙 입자들 사이의 빈 공간인 간극(void)에 존재하는 물(water)과 공기(air)로 구성된 다공성(porous) 불연속체를 말한다.

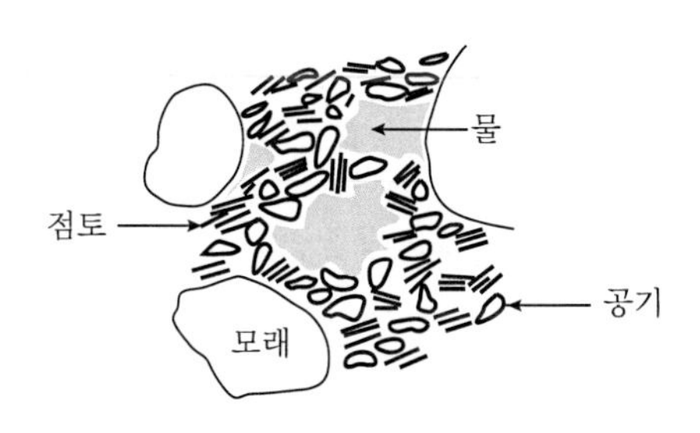

그림 1.1 자연 상태의 흙

(1) 흙의 종류

흙 입자는 크기가 다양하며 이에 따라 다양한 성질을 가지고 있다. 점토와 실트를 많이 포함한 흙을 세립토(fine grained soils)라 하며, 모

표 1.1 흙의 입경별 분류

세립토		조립토						암석	
점토 (clay)	실트 (silt)	모래(sand)			자갈(gravel)			바위(rock)	
		가는 모래	중간 모래	큰 모래	가는 자갈	중간 자갈	큰 자갈	율석	거석

입경 0.002 0.075 0.2 0.75 2.0 6 20 75 300 [mm]
0.001 0.01 0.1 1 10 100

래와 자갈을 많이 포함한 흙을 조립토(coarse grained soils)라 한다.

표 1.1에 나타낸 바와 같이 일반적으로 입경이 0.075 mm 이하인 것을 세립토로 간주하고, 0.075 mm 이상 75 mm 이하인 것을 조립토로 간주한다. 흙과 암석의 구분은 입경이 75 mm 이하인 것을 흙으로 간주하고, 75 mm 이상인 것을 암석으로 간주한다.

① 점성토

미세한 점토 입자를 전자 현미경으로 보면 얇고 평평한 형태이며(그림 1.2(c)), 그림 1.3에 나타낸 바와 같이 이들 점토 입자들이 모여서 덩어리(ped)를 이루고 이들 페드는 몇 개의 점토 입자들로 연결되

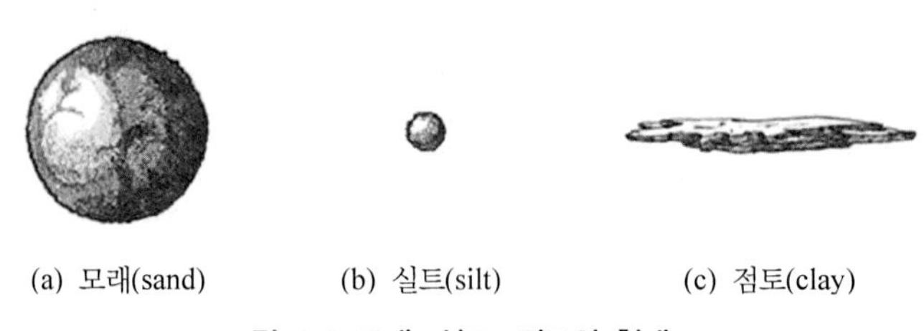

(a) 모래(sand) (b) 실트(silt) (c) 점토(clay)

그림 1.2 모래, 실트, 점토의 형태

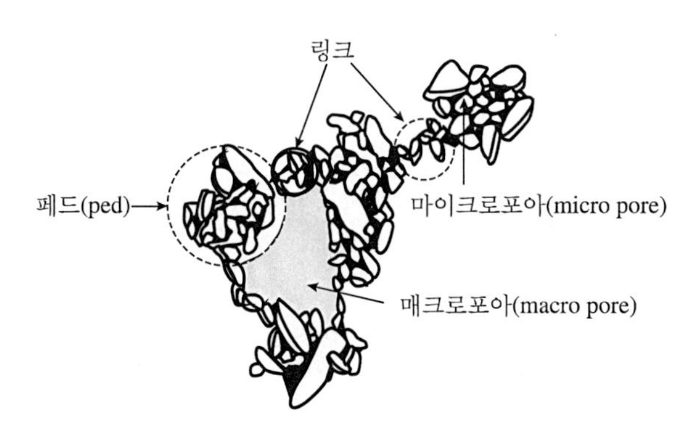

그림 1.3 점토의 입체적 구조

어 고리 형태로 결합되어 있다.

점토 입자가 뭉쳐있는 페드 내부의 빈 공간을 마이크로포아(micro pore)라고 하며, 여러 개의 페드가 고리 형태로 연결되어 이루어진 빈 공간을 매크로포아(macro pore)라고 한다. 일반적으로 토양 내에서 간극수의 흐름은 매크로포아를 통해 이루어진다.

점토는 입자 표면에 음전하를 띠고 있기 때문에 인력 및 반발력이 작용하고, 흙 입자가 서로 끌어당기는 힘인 점착력이 작용하게 된다. 점성토는 전기·화학적인 힘의 영향으로 이산구조 혹은 면모구조의 형태로 결합되어 있다.

그림 1.4에 나타낸 바와 같이 이산구조(dispersed structure)는 점토 입자가 현탁액 속에서 반발력에 의해 입자가 개별적으로 침강할 때 생성되는 구조이며, 면모구조(flocculated structure)는 점토 입자가 현탁

액 속에서 인력에 의하여 결합한 후 침강할 때 생성되는 구조이다.

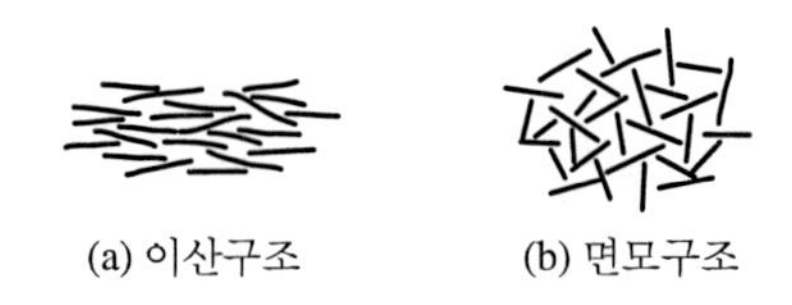

그림 1.4 점성토의 구조

점토의 구조는 주변 환경의 영향으로 변환되는데, 그림 1.5에 나타낸 바와 같이 퇴적 초기에는 호수, 하천 등과 같은 액상(liquid phase) 조건에서 점토 입자들이 반발력에 의해 개별적으로 부유 상태로 존재하면서 서서히 침강하여 이산구조를 형성하게 된다.

해수 조건에서 퇴적되는 경우, 해수 중에 존재하는 양이온의 영향

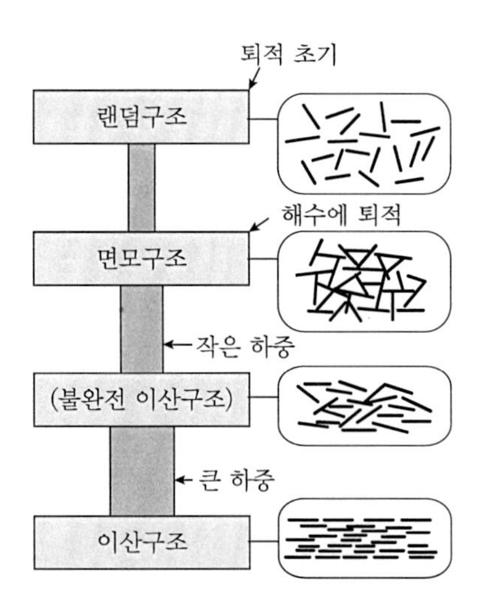

그림 1.5 점토 구조의 변환

으로 점토 입자들 사이에 인력이 우세하게 되어 면모구조를 형성하면서 침강하게 된다. 이렇게 형성된 면모구조는 하중의 작용 등 외부 환경의 변화로 인해 면모구조가 파괴되면서 이산구조로 변환되기도 한다.

② 비점성토

자갈, 모래, 실트와 같은 비점성토는 일반적으로 중력에 의해 서로 접촉되어 있으며 비교적 둥근 형태로 점착력은 없다.

그림 1.6에 나타낸 바와 같이 낱알구조(single grained structure)는 비교적 큰 모래와 자갈 등이 마찰력에 의해 서로 맞물려서 느슨하거나 조밀한 상태로 결합되어 있는 구조로 간극비가 작고 안정적인 상태에 있으며, 벌집구조(honeycomb structure)는 비교적 가는 모래와

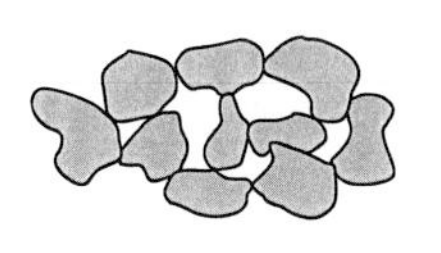

느슨한 상태

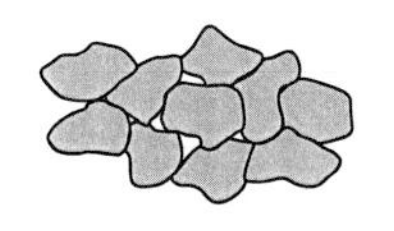

조밀한 상태

(a) 낱알구조

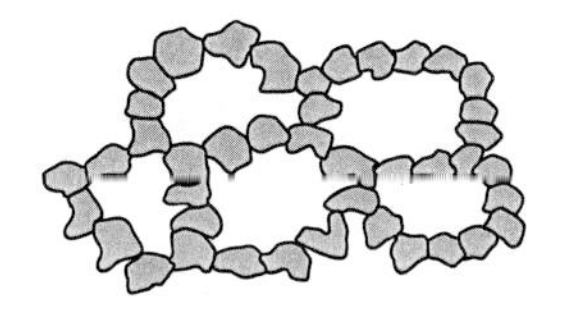

(b) 벌집구조

그림 1.6 비점성토의 구조

실트가 고리 형태로 결합되어 있는 구조로 간극비가 크기 때문에 하중을 받으면 구조가 파괴되어 침하가 발생된다.

(2) 점성토의 특성

입자의 표면에 음전하를 띠는 점토는 주변에 존재하는 물 분자와 전기·화학적으로 강하게 결합하게 되는데, 이와 같이 점토 입자의 표면에 물이 흡착되어 형성된 반고체의 수막을 흡착수(adsorbed water)라 한다.

그림 1.7에 나타낸 바와 같이 점토 입자 상호 간의 결합은 흡착수막을 통해 접촉하므로 점착력을 나타내게 되며, 흡착수보다 외부에 존재하는 물은 전기·화학적 결합으로부터 자유롭기 때문에 자유수(free water)라 한다. 일반적으로 흙 속에서 물의 흐름은 자유수의 흐름을 의미한다.

자유수가 많아서 점토 입자가 서로 접촉하지 않고 부유되어 있는 상태를 액체 상태라 하며, 자유수가 줄어들어서 입자가 흡착수를 통해

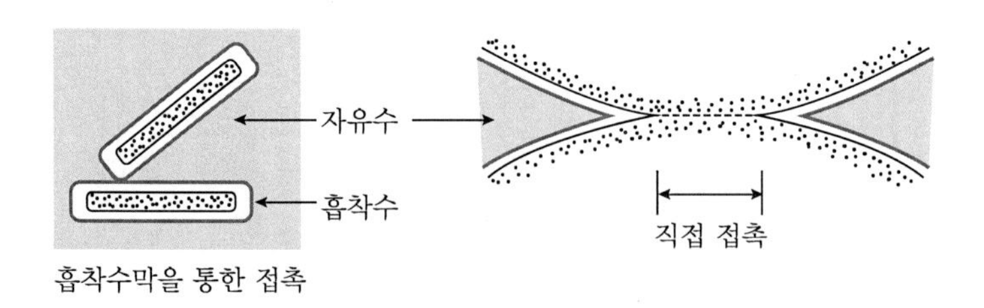

그림 1.7 점토 주변의 흡착수와 자유수

서로 접촉하여 점착력을 갖게 된 상태를 소성 상태라 하며, 자유수가 없어지고 건조된 상태를 반고체 상태라 한다.

이와 같이 함수비의 변화로 점성토는 다양한 성질을 나타내게 되는데 이를 연경도(consistency)라 한다.

그림 1.8에 나타낸 바와 같이 액체 상태, 소성 상태, 반고체 상태, 고체 상태의 경계를 각각 액성 한계 LL(liquid limit, w_l), 소성 한계 PL(plastic limit, w_p), 수축 한계 SL(shrinkage limit, w_s)라 하며, 1911년 스웨덴 과학자 Atterberg가 처음 제안하여 애터버그 한계(Atterberg limit)라고도 한다.

소성 지수 PI(plasticity index, I_p)는 액성 한계와 소성 한계의 차이

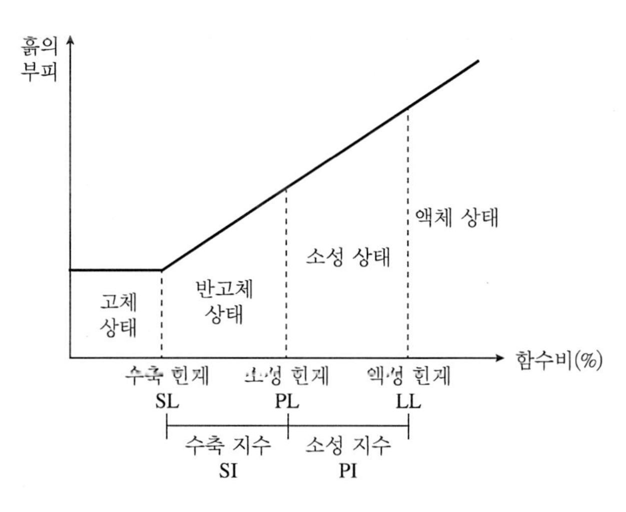

그림 1.8 흙의 상태 변화와 연경도

를 말하며, 흙이 소성 상태로 존재할 수 있는 함수비의 범위이다. 소성 지수가 클수록 압축성이 크다.

$$I_p = w_l - w_p \tag{1}$$

수축 지수 SI(shrinkage index, I_s)는 소성 한계와 수축 한계의 차이를 말하며, 흙이 반고체 상태로 존재할 수 있는 함수비의 범위이다.

$$I_s = w_p - w_s \tag{2}$$

다른 물질을 흡착하거나 물리·화학적으로 결합하려는 성질의 크기를 활성도(activity)라 하며, 소성 지수와 점토의 비율 사이의 관계로 다음과 같이 나타낸다.

$$A = \frac{I_p}{\text{점토 함유율}(\%)} \tag{3}$$

흙 입자의 크기가 작을수록, 유기질 성분이 많이 포함될수록, 활성도가 커진다. 활성도가 클수록 소성지수가 커지기 때문에 팽창 및 수축이 커지고 공학적으로 불안정한 상태가 된다.

(3) 흙 속의 물

흙 속에는 여러 다양한 형태의 물이 존재하는데 그림 1.9에 나타낸 바와 같다.

① 지표수

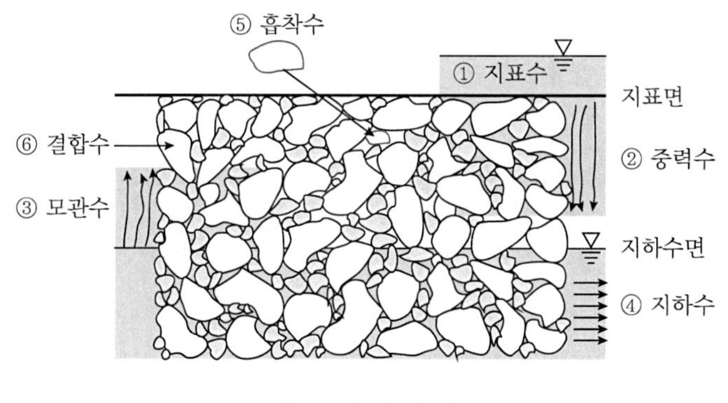

그림 1.9 흙 속의 물

지표수(surface water)는 호수나 늪과 같이 지표면 위에 고여 있거나, 하천과 같이 흐르는 물을 말한다.

② 중력수

중력수(gravitational water)는 지표면에 고여 있는 물이 중력의 작용으로 흙 속으로 침투하는 과정에 있는 물로 지하수면에 도달하면 지하수와 섞이고 일부는 모관력에 의해 지표면과 지하수면 사이에 남게 된다.

③ 모관수

모관수(capillary water)는 지하수면에서 모관 상승 작용으로 지표면을 향해 상향 침투하는 물을 말한다. 모관수는 식물의 생육에 가장 관계가 깊은 수분으로 흙 입자의 크기가 작을수록 높이 상승한다. 모관수의 높이는 지하수면을 기준으로 보통 굵은 모래에서 2~5 cm, 가는 모래에서 35~70 cm, 점토에서 150~300 cm 정도 상승한다.

④ 지하수

지하수(ground water)는 중력의 작용으로 하향 침투하는 물이 점토로 구성된 지층이나 암반층과 같은 불투수층(impermeable layer) 위에 모여서 이루어진 대수층(aquifer)을 말하며, 정체되어 있거나 수두 차이에 의해 이동한다.

대수층은 자유면 대수층과 피압 대수층으로 구분된다.

자유면 대수층(unconfined aquifer)은 지표면과 불투수층 사이에 존재하는 대수층을 말한다. 그림 1.10에서 (a)에 해당되며 대수층의 상부 경계면이 지하수면이기 때문에 물의 압력이 대기압과 같은 일반

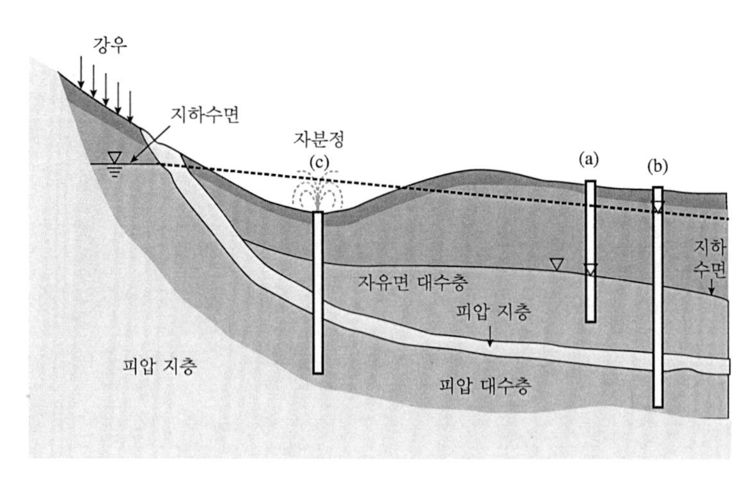

그림 1.10 자유면 대수층과 피압 대수층

적인 지하수에 해당된다.

피압 대수층(confined aquifer)은 지표면 아래 지하수의 상·하부에 불투수층이 존재하는 대수층을 말한다. 그림 1.10에서 (b)와 (c)에 해당되며 피압(confined) 지층의 영향으로 피압 대수층의 지하수면이 지표면보다 높은 경우, 지하수가 지표면 위로 분출되기도 한다.

⑤ 흡착수

흡착수(adsorbed water)는 흙 입자의 표면에 전기적으로 결합되어 있는 물로 지하수와 섞이지 않으며 가열에 의해 제거할 수 있는 수분을 말한다. 흡착수는 점착력에 영향을 주기 때문에 점성토를 해석하는 데 중요한 변수가 된다.

⑥ 결합수

결합수(bound water)는 흙 입자와 화학적으로 결합되어 있는 물로 지하수와 섞이지 않으며 가열에 의해서도 제거할 수 없는 수분을 말한다.

(4) 흙의 구성

그림 1.11에 나타낸 바와 같이 흙은 다양한 크기의 흙 입자들과 그 사이에 존재하는 간극(voids)이라고 하는 공간으로 구성되어 있다. 간극은 일반적으로 공기와 물로 채워져 있지만, 완전히 공기만으로 혹

(a) 자연 상태의 흙

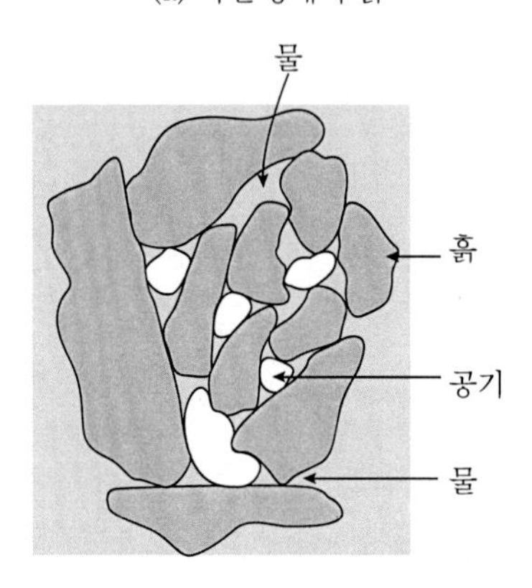

(b) 흙의 구성 요소

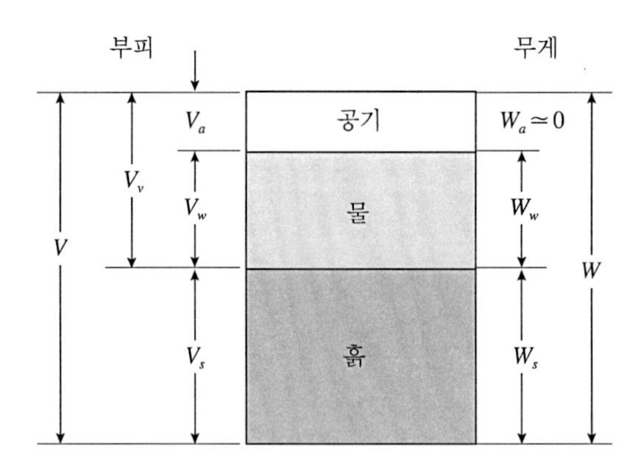

(c) 고체, 액체, 기체로 분리한 흙의 3상

그림 1.11 흙의 구성 요소

은 물만으로 채워진 경우도 있다.

흙의 구성 성분을 흙 입자, 물, 공기로 분리하고, 재구성해서 그리면 흙 전체의 부피는 다음과 같이 표현할 수 있다.

$$V = V_s + V_v = V_s + V_w + V_a \qquad (4)$$

여기서, V = 흙 전체의 부피

V_s = 흙 입자의 부피

V_v = 간극의 부피

V_w = 물의 부피

V_a = 공기의 부피

공기의 무게를 무시하면 흙 전체의 질량은 다음과 같이 표현할 수 있다.

$$W = W_s + W_w \qquad (5)$$

여기서, W = 흙 전체의 무게

W_s = 흙 입자의 무게

W_w = 물의 무게

흙의 구성 성분으로부터 흙 입자, 간극, 물의 체적과 질량이 구해지면 상호 관계로부터 흙의 상태를 수량화하여 나타낼 수 있다.

① 부피 관련 상태정수

• 간극비

간극비(void ratio) e는 흙의 부피에 대한 간극의 부피로 나타내며, 흙의 압축성을 판단하는 데 필요하다.

$$e = \frac{V_v}{V_s} \tag{6}$$

흙의 체적을 단위 체적 1로 가정하면,

$$e = \frac{V_v}{V_s} = \frac{V_v}{1} = V_v \tag{7}$$

따라서 전체 체적은

$$V = 1 + e \tag{8}$$

자연 상태에서 사질토의 간극비는 0.5~0.8 정도이고, 점성토의 간극비는 0.7~1.1 정도이다.

포화 상태에서 점성토의 간극비가 사질토보다 큰 이유는 점성토의 비표면적(단위 체적당 표면적)이 크기 때문이며, 간극비가 클수록 느슨한 상태이므로 흙의 강도는 약하다.

• 간극률

간극률(porosity) n은 전체 부피에 대한 간극의 부피의 비율을 백분율로 나타낸다.

$$n = \frac{V_v}{V} \times 100(\%) \tag{9}$$

여기서 V_s = 1을 사용하면,

$$n = \frac{e}{1+e} \times 100(\%) \tag{10}$$

• **포화도**

포화도(degree of saturation) S_r은 간극의 부피에 대한 물의 부피의 비율을 백분율로 나타낸다.

$$S_r = \frac{V_w}{V_v} \times 100(\%) \tag{11}$$

지하수면 아래에 존재하는 흙 입자 사이의 빈 공간은 일반적으로 완전히 물로 채워져 있다고 간주하며, 이때의 포화도는 1이며 100% 포화되어 있다고 한다.

② 무게 관련 상태정수

• **함수비**

함수비(moisture content) w는 흙의 무게에 대한 물의 무게의 비율을 백분율로 나타낸다.

$$w = \frac{W_w}{W_s} \times 100(\%) \tag{12}$$

자연 상태의 함수비를 자연함수비라 하는데 흙의 종류에 따라 상당한 차이가 있지만 대개 충적 점토의 경우 50~80%, 홍적 점토의 경우 30~60%, 유기질토의 경우 1,000%가 넘는 경우도 있다.

• 전체단위중량

전체단위중량(total unit weight) γ는 흙 전체의 질량을 흙 전체의 부피로 나눈 값으로 나타낸다. 자연 상태를 습윤 상태로 보기 때문에 습윤단위중량(wet unit weight, γ_t)이라고도 한다.

$$\gamma = \gamma_t = \frac{W}{V} \tag{13}$$

• 건조단위중량

건조단위중량(dry unit weight) γ_d는 흙 입자의 질량을 흙 전체의 부피로 나눈 값으로 나타낸다.

$$\gamma_d = \frac{W_s}{V} = \frac{\gamma}{1+w} \tag{14}$$

③ 상태정수 상호관계

• 간극비와 간극률 사이의 관계

$$e = \frac{V_v}{V_s} = \frac{n}{1-n} \tag{15}$$

$$n = \frac{V_v}{V} = \frac{e}{1+e} \times 100(\%) \tag{16}$$

- 함수비, 간극비, 포화도, 비중 사이의 관계

$$w = \frac{W_w}{W_s} = \frac{\gamma_w e S}{\gamma_w G_s} = \frac{e S}{G_s} \tag{17}$$

$$Se = G_s w \tag{18}$$

- 단위중량, 비중, 포화도, 간극비 사이의 관계

$$\gamma_t = \frac{W}{V} = \frac{W_s + W_w}{V} = \frac{\gamma_w G_s + \gamma_w Se}{1 + e} = \frac{G_s + Se}{1 + e}\gamma_w \tag{19}$$

- 건조단위중량, 비중, 간극비 사이의 관계

$$\gamma_d = \frac{G_s}{1 + e}\gamma_w \tag{20}$$

- 포화단위중량, 비중, 간극비 사이의 관계

$$\gamma_{sat} = \frac{G_s + e}{1 + e}\gamma_w \tag{21}$$

- 수중단위중량, 비중, 간극비 사이의 관계

$$\gamma' = \gamma_{sat} - \gamma_w = \frac{G_s + e}{1 + e}\gamma_w - \gamma_w = \frac{G_s - 1}{1 + e}\gamma_w \tag{22}$$

일반적으로 포화단위중량 > 전체단위중량 > 건조단위중량 > 수중단위중량의 관계가 성립한다.

1.1.2 유효응력

지반은 흙 입자와 간극으로 구성되어 있으므로 어느 지점에 가해지는 하중은 흙 입자와 간극수가 함께 지지하게 된다.

어느 지점 a에서의 연직응력은 상부에 존재하는 흙의 단위 면적당 작용하는 흙의 무게이므로, 흙의 단위중량에 지표로부터의 깊이를 곱하여 다음과 같이 구할 수 있다.

$$\sigma = \frac{W}{A} = \frac{\gamma V}{A} = \frac{\gamma A z}{A} = \gamma z \tag{23}$$

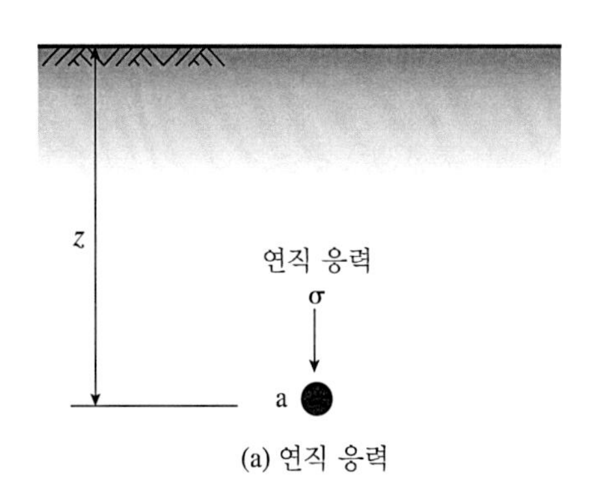

(a) 연직 응력

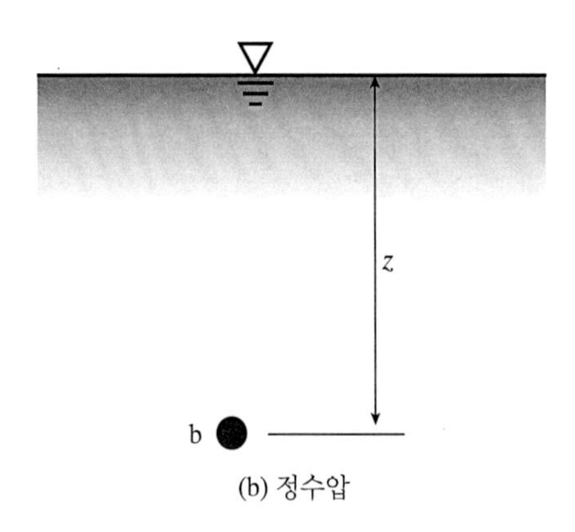

(b) 정수압

그림 1.12 연직응력과 정수압

여기서, σ= 연직응력

W = 지표로부터 a지점까지의 흙의 무게

γ= 흙의 단위중량

A = 흙 요소의 바닥 면적

어느 지점 b에서의 정수압도 같은 방법으로 물의 단위중량에 수면으로부터의 깊이를 곱하여 다음과 같이 구할 수 있다.

$$u = \frac{W}{A} = \frac{\gamma_w V}{A} = \frac{\gamma_w A z}{A} = \gamma_w z \tag{24}$$

여기서, u = 정수압

W = 수면으로부터 b지점까지의 물의 무게

γ_w = 물의 단위중량

A = 물 요소의 바닥 면적

흙 속의 어느 지점에 가해지는 전체 하중을 전응력(total stress), 흙 입자의 접촉면을 따라 전달되는 하중을 유효응력(effective stress), 간극수를 통해 전달되는 하중을 간극수압(pore water pressure)이라 하면 전응력, 유효응력, 간극수압의 관계는 다음과 같다.

$$\sigma = \sigma' + u \tag{25}$$

여기서, σ = 전응력

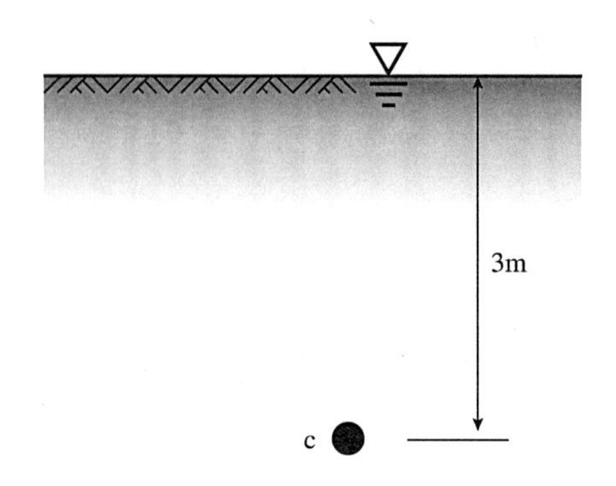

그림 1.13 전응력, 간극수압, 유효응력의 계산

σ' = 유효응력

u = 간극수압

전응력과 간극수압은 각각 흙의 단위중량과 토층의 두께, 지하수면의 위치를 알면 구할 수 있고, 유효응력은 전응력과 간극수압과의 관계로부터 계산에 의해 구할 수 있다.

예를 들면, 그림 1.13에 나타낸 바와 같이 지하수위가 지표면과 일치하고 흙의 포화단위중량 γ_{sat} = 1.8 t/m^{3}일 때, 어느 지점 c에서의 전응력, 간극수압, 유효응력을 구하면 다음과 같다.

전응력 $\sigma = \gamma_{sat} \cdot z = 1.8\ \text{t/m}^3 \times 3\ \text{m} = 5.4\ \text{t/m}^2$

간극수압 $u = \gamma_w \cdot z = 1\ \text{t/m}^3 \times 3\ \text{m} = 3\ \text{t/m}^2$

유효응력 $\sigma' = \sigma - u = 5.4\ \text{t/m}^2 - 3\ \text{t/m}^2 = 2.4\ \text{t/m}^2$

1.1.3 흙의 압축

지반은 흙과 간극으로 구성된 다공질 매체이므로 하중을 받으면 부피가 감소하게 되는데 이를 압축(compression)이라 하고, 지표면에서는 지반이 가라앉게 되는 현상이 발생하게 되는데 이를 침하(settlement)라 한다.

흙 입자와 물은 비압축성으로 간주하기 때문에 압축은 간극 속에 존재하는 물이나 공기가 빠져나가서 부피가 감소하는 것을 의미한다.

(1) 모래의 압축

모래는 간극비가 비교적 작기 때문에 침하량이 작고, 투수성이 좋기 때문에 간극수가 빨리 배출되므로 침하가 단기간 내에 종료된다.

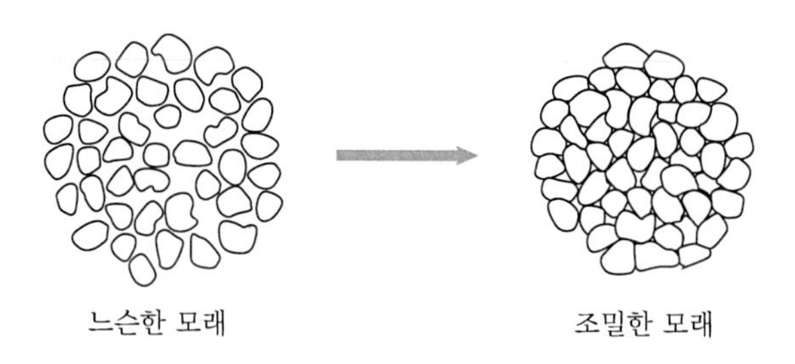

그림 1.14 모래의 압축

(2) 점토의 압밀

점토는 간극비가 비교적 크기 때문에 침하량이 크고, 투수성이 나쁘기 때문에 간극수가 천천히 배출되므로 침하가 장기간 지속된다.

투수계수가 10^{-7}cm/sec 이하인 점토 지반의 경우, 하중이 가해지면 간극수가 즉시 배출되지 않기 때문에 간극수압은 증가하게 되는데 이를 과잉간극수압(excess pore water pressure)이라 한다.

시간이 경과함에 따라 간극수가 천천히 배출되면서 점토 지반이 시간 의존적으로 서서히 압축되는 현상을 압밀(consolidation)이라 한다.

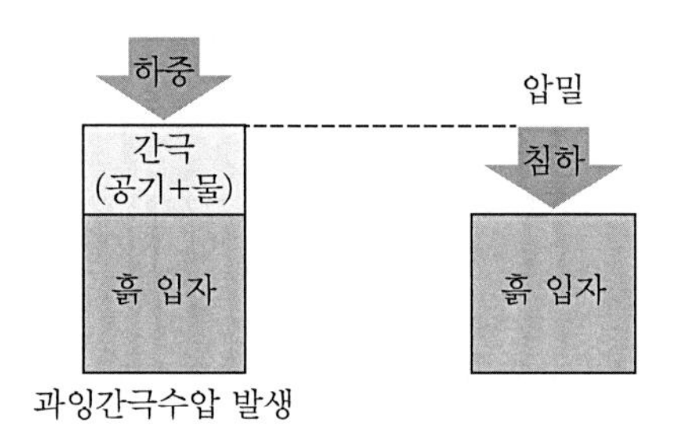

그림 1.15 점토의 압밀

(3) 침하

침하는 즉시침하와 압밀침하로 구분된다.

즉시침하(immediate settlement)는 주로 흙 입자가 크고 투수계수가 큰 조립토(자갈, 모래 등)가 입자의 재배열에 의해 단기간에 발생되는 침하를 말한다.

압밀침하(consolidation settlement)는 1차 압밀침하와 2차 압밀침하로 구분된다.

1차 압밀침하(primary consolidation settlement)는 주로 흙 입자가

작고 투수계수가 작은 세립토(점토, 실트 등)로 구성된 토층에 하중이 작용하면 수압이 증가하여 발생된 과잉 간극수압으로 인해 간극수가 서서히 배출되면서 장기간에 걸쳐 발생되는 침하를 말한다.

2차 압밀침하(secondary consolidation settlement)는 과잉간극수압이 완전히 소산되어 더 이상 간극수가 배출되지 않게 된 이후에 발생되는 침하를 말하며, 주로 흙 구조(면모구조, 이산구조 등)의 재배열이 원인으로 유기질 성분이 많이 포함된 세립토에서 크게 발생한다.

자연 상태에서는 일반적으로 조립토와 세립토가 혼재되어 있기 때문에 하중이 가해지면 투수계수가 큰 조립토에서 단기간에 간극수가 배출되는 즉시침하가 발생하며, 투수계수가 작은 세립토에서는 과잉간극수압의 소산에 의해 장기간에 걸쳐 간극수가 배출되는 압밀침하가 발생하기 때문에 즉시침하와 압밀침하가 동시에 발생하게 된다.

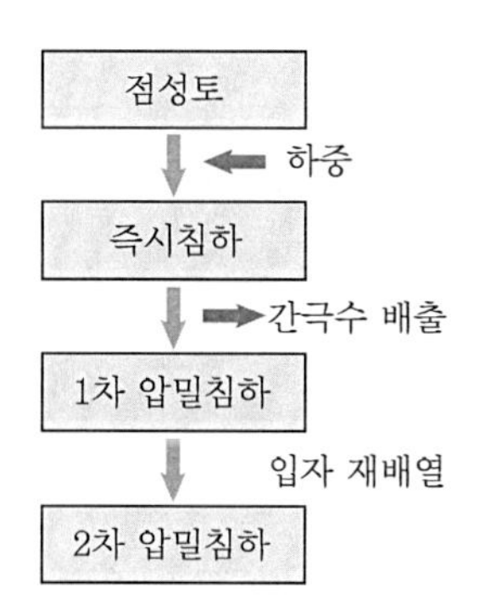

그림 1.16 점성토의 압밀침하 과정

(4) 과압밀비

점토 지반에서 현재 받고 있는 하중이 과거에 받았던 최대 하중보다 크거나 같은 경우 이를 정규압밀점토(normally consolidated clay)라 하고, 현재 받고 있는 하중이 과거에 받았던 최대 하중보다 작은 경우 이를 과압밀점토(over-consolidated clay)라 한다.

흙이 현재 받고 있는 하중에 대한 과거에 받았던 최대 하중의 비를 과압밀비(overconsolidation ratio; OCR)라 하며 다음과 같이 표현할 수 있다.

$$\mathrm{OCR} = \frac{p_c}{p} \tag{26}$$

여기서, p_c = 과거 점토 지반이 받았던 최대 하중

p = 현재 점토 지반이 받고 있는 하중

과압밀비를 이용하여 점토를 구분하면 다음과 같다.

$$\mathrm{OCR} \leq 1: \text{정규압밀} \tag{27}$$

$$\mathrm{OCR} > 1: \text{과압밀} \tag{28}$$

점성토 지반이 과압밀 상태가 되는 원인은 빙하 작용, 굴착 공사 등에 의한 상재하중의 제거, 지하수위 상승 등에 의한 간극수압의 변화, 자연적인 침식 및 세굴 등이며, 정규압밀 및 과압밀 지반의 공학적 특성은 다음과 같다.

표 1.2 정규압밀과 과압밀 지반의 공학적 특성

	압축성	압밀 특성	강도	간극비	투수성	전단강도 특성
정규 압밀	크다	정규압축	작다	크다	크다	느슨한 모래와 유사
과압밀	작다	재압축	크다	작다	작다	조밀한 모래와 유사

1.1.4 흙의 강도

흙은 입자 간 결합으로 이루어진 다공질 매체이므로 인장력에 저항하는 힘은 거의 없지만, 압축력에는 저항할 수 있다. 그림 1.17에 나타낸 바와 같이 사면에 하중이 작용하면 압축력에 의해 활동파괴를 일으키는 힘인 전단응력이 발생하고, 이에 대응해서 활동파괴에 저항하는 힘인 전단저항이 동시에 발생하게 된다.

전단응력(shear stress)은 사면을 파괴시키려는 힘이고, 전단저항(shear resistance)은 파괴에 저항하는 힘으로 파괴가 일어나는 순간까지 저항하는 최대 전단저항을 지반의 전단강도(shear strength)라 한다.

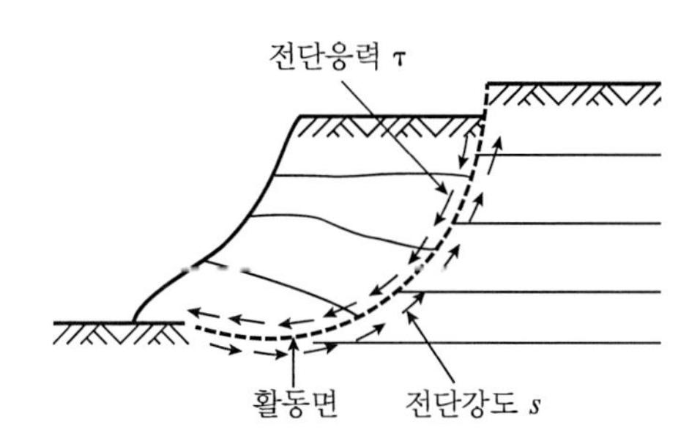

그림 1.17 흙의 활동파괴 모식도

흙의 전단강도는 현장에서 시료를 채취하여 실험실에서 구하는 실내시험과 현장에서 직접 구하는 현장시험이 있다. 실내시험으로는 직접전단시험, 일축압축시험, 삼축압축시험 등이 있고 현장시험으로는 표준관입시험, 베인시험 등이 있다.

(1) 직접전단시험

직접전단시험(direct shear test)은 간편하고 신속하게 흙의 전단강도를 측정할 수 있기 때문에 주로 모래의 배수전단시험에 사용되고 있다. 직접전단시험기는 그림 1.18에 나타낸 바와 같이 상·하 두 개로 분리될 수 있는 전단상자(shear box), 가압장치, 다이얼 게이지로 구성되어 있다.

하부 전단상자는 고정되어 있고, 상부 전단상자는 수평으로 이동할 수 있다. 가압장치를 이용하여 하중판에 연직으로 수직력을 가하고,

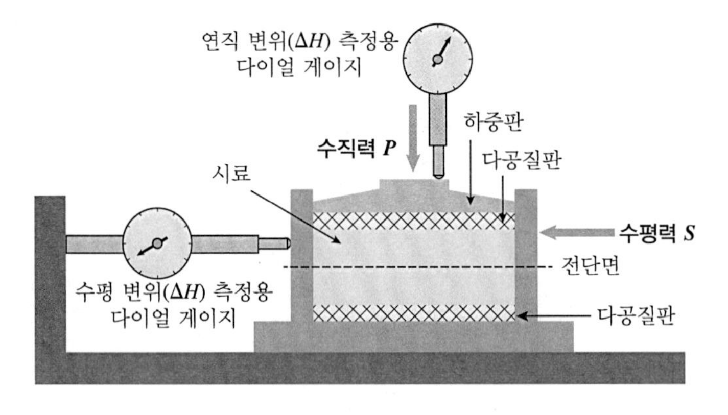

그림 1.18 직접전단시험기

상부 전단상자의 측면에서 수평력을 가할 수 있다. 이때 발생되는 연직 및 수평 변위는 다이얼 게이지를 이용하여 측정할 수 있다.

그림 1.19에 나타낸 바와 같이 흙 시료에 일정한 수직력 P를 가한 채 수평력 S를 서서히 증가시키면, 직접전단시험기의 상부 전단상자가 수평으로 이동하고 상부 및 하부 전단상자의 접촉면을 따라 흙 입자 간 접촉 상태가 끊어지면서 흙 시료는 전단되어 결국 파괴에 도달하게 된다. 흙 시료의 단면적을 A라 하면, 수직 응력 σ와 전단응력 τ는 다음과 같다.

$$\sigma = \frac{P}{A} \tag{29}$$

$$\tau = \frac{S}{A} \tag{30}$$

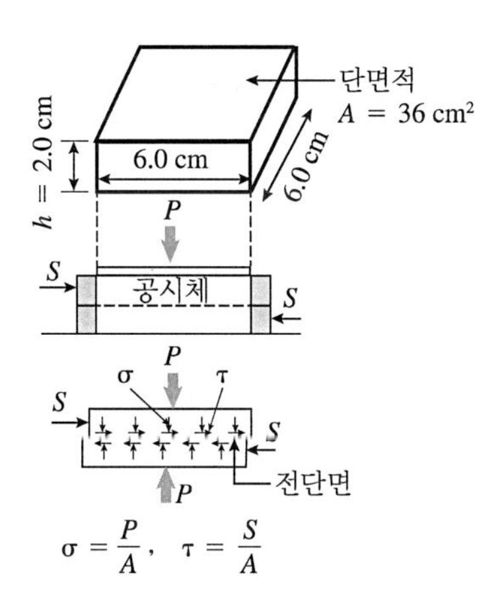

그림 1.19 흙의 직접전단 원리

직접전단시험은 보통 3회 이상 실시하며 각 시험에서 서로 다른 크기의 수직력 P_1, P_2, P_3를 받고 있는 흙 시료가 파괴될 때의 수평력 S_1, S_2, S_3를 구한다. 그림 1.20에 나타낸 바와 같이 흙 시료에 가하는 수직응력이 커지면 전단파괴에 필요한 전단응력도 커지게 된다.

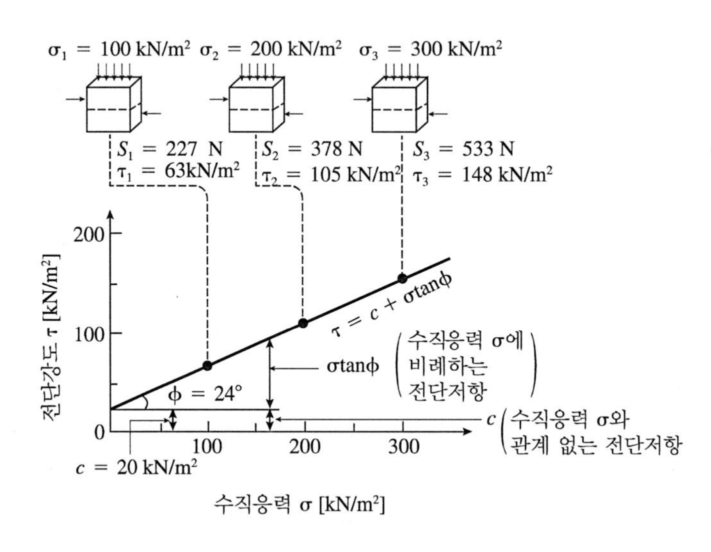

그림 1.20 직접전단시험으로 구한 흙의 전단강도

이렇게 구한 수직응력 σ_1, σ_2, σ_3에 대한 전단응력 τ_1, τ_2, τ_3의 관계를 $\sigma-\tau$ 좌표 상에 점으로 표시하면, 이 점들을 지나는 직선을 쿨롱(Coulomb)의 파괴포락선이라 하며, 다음과 같이 표현할 수 있다.

$$\tau = c + \sigma \tan\phi \tag{31}$$

여기서, τ = 흙의 전단강도

c = 점착력

σ = 전단면에 작용하는 수직응력

ϕ = 내부마찰각 혹은 전단저항각

위의 식은 1779년 쿨롬에 의해 제서되었으므로 쿨롬의 전단방정식이라 한다. 파괴포락선이 세로축(τ축)과 만나는 지점의 값을 흙 시료의 점착력(c)이라 하며, 파괴포락선의 경사각을 흙 시료의 내부마찰각(ϕ)이라 한다.

(2) 표준관입시험

표준관입시험(standard penetration test; SPT)은 현장에서 지반의 강도를 측정하기 위해 개발된 방법이다. 이 시험을 통해 현장에서 지반의 깊이별 흙의 강도를 구할 수 있고 동시에 흙 시료를 채취할 수 있다.

소정의 깊이까지 보링(boring)한 후, 표준관입시험용 샘플러(sampler)를 보링 구멍의 바닥면에 위치시키고 75 cm 낙하 높이에서 63.5 kg의 해머를 자유 낙하로 샘플러를 타격해서 30 cm 관입하는데 필요한 해머의 낙하 횟수 N을 측정한다. 낙하 횟수 N을 그 깊이에서 지반의 N 값이라 부르고 이 값으로부터 지반의 상대적인 강도를 추정하게 된다.

대부분의 공사에서 표준관입시험이 실시되고 있으며, N값은 보통

1 m 간격으로 측정한다. 표준관입시험을 통해 현장 지반의 주상도를 그릴 수 있고, 지반의 강도 등 역학적인 성질을 개략적으로 추정할 수 있다.

N값에 따라 지반이 연약한지에 대한 판정을 하게 되며, 점성토의 경우 N값이 4 이하, 사질토의 경우 N값이 10 이하인 경우 연약지반으로 판정한다.

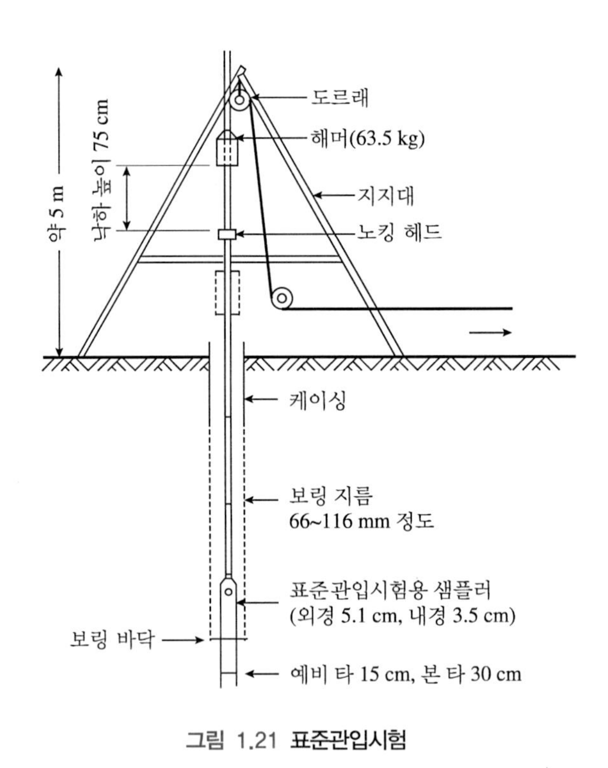

그림 1.21 **표준관입시험**

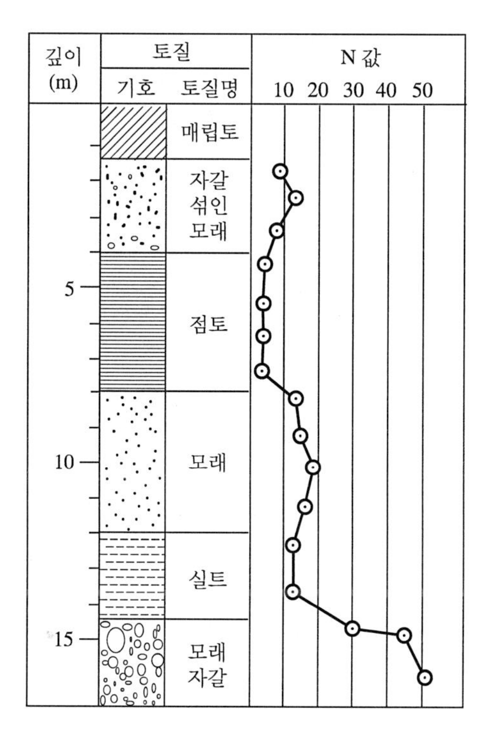

그림 1.22 N값과 주상도

(3) 다일레이턴시

흙은 입자와 간극으로 구성된 골격 구조를 하고 있기 때문에 전단 시 체적변화가 발생하게 되는데 조밀한 모래를 전단하면 체적이 증가하고, 느슨한 모래를 전단하면 체적은 감소하게 된다. 이와 같이 전단에 의해 체적이 변화하는 현상을 다일레이턴시(dilatancy)라 한다.

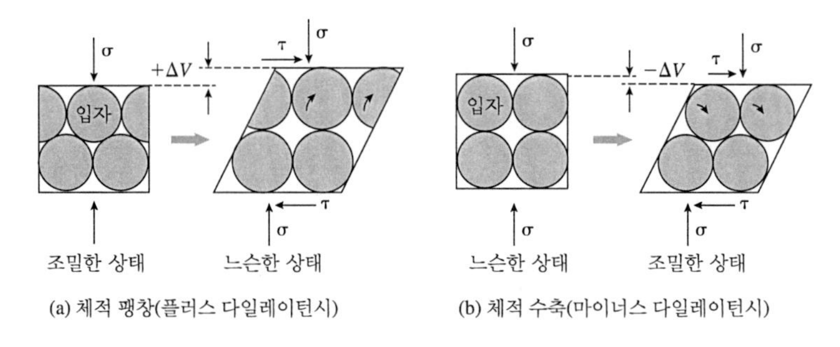

그림 1.23 전단에 의한 다일레이턴시

(4) 액상화

투수성이 비교적 큰 사질토 지반에 하중이 작용하면 간극에 존재하는 물은 즉시 배출되고 입자의 재배열로 인한 체적 감소가 발생하지만, 지진과 같이 순식간에 거대한 에너지(i.e. 하중)가 가해지면 간극수가 배출되지 못하고 과잉간극수압이 발생하게 된다.

이렇게 발생된 과잉간극수압으로 인해 입자 간 유효응력이 작용하지 못하게 되어 사질토 지반은 일시적으로 액체와 같이 변화하게 되는데 이를 액상화(liquefaction)라고 한다.

액상화 현상은 N값이 20 이하인 느슨한 사질토 지반이 지하수로 포화되어 있을 때 진도 5 이상의 지진이 작용하는 경우 발생 가능성이 높다. 2017년 11월 포항에서 리히터 규모 5.4의 지진으로 인해 우리나라에서 처음으로 액상화 현상이 발생하였다.

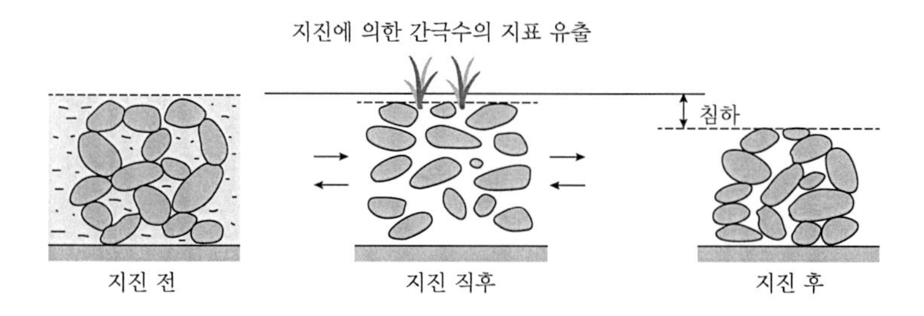

그림 1.24 모래 지반의 액상화 현상

1.2 연약지반이란

공학적인 관점에서 연약지반(soft ground)이란 건물이나 교량 등 구조물의 하중으로 인해 지반이 침하되거나, 구조물을 안정적으로 지지할 수 없어서 안전상에 문제가 발생할 수 있는 지반을 의미한다.

1.2.1 연약지반의 정의

흙의 특성상 압축성이 커서 침하가 발생하거나 전단강도가 작아서 구조물을 지지할 수 없는 지반으로, 수분이 다량으로 함유된 점성토 지반, 느슨한 사질토 지반, 유기질 성분이 다량으로 함유된 지반 등이 이에 해당된다.

또한 상대적인 개념으로 연약지반은 축조하려고 하는 구조물의 규모나 하중 등을 고려하여 판단해야 한다.

예를 들면, 5층 규모의 건물을 충분히 지지할 수 있는 지반에 100층 규모의 건물을 건설하는 경우 침하가 예상된다면 그 지반은 100층 규모의 건물에 대해 상대적으로 연약지반이기 때문에 적절한 대책공법을 적용해야 할 것이다.

1.2.2 연약지반의 판정

연약지반에 대한 판정은 연약지층의 심도, 연약지반에 축조되는 구조물의 규모나 하중으로 인해 예상되는 지지력의 크기나 침하량 등이 구조물에 끼치게 될 영향을 철저히 검토해야 하며, 연약지반으로 판정되면 적절한 공법을 적용하여 개량해야 한다.

연약지반은 구조물의 종류, 형식, 시공 사례 등을 반영하여 N값, 함수비, 압축강도, 간극비 등을 이용하여 판정하며, 국가별 · 기관별로 다를 수 있다. 일반적으로 N값을 기준으로 $N<10$인 사질토 지반이나 $N<4$인 점성토 지반은 상부 구조물의 종류와 관계없이 연약지반으로 분류된다.

표 1.3 N값 및 압축강도 q_u를 이용한 연약지반 판정 기준

토질 정수	초연약	연약	견고	매우 견고	단단
N값 q_u(kg/cm^2)	< 2 < 0.5	2~8 0.5~1.5	8~15 1.5~3.0	15~30 3.0~6.0	> 30 > 6.0

표 1.4 토질별 N값, 압축강도, 함수비를 이용한 연약지반 판정 기준

토질	대한민국			일본		
	N값	압축강도	함수비	N값	압축강도	함수비
사질토	< 10	–	< 50	< 10	–	> 30
점성토	< 4	< 1	50~200	< 4	< 0.5	> 50
고유기질토	< 1	< 0.4	> 200	< 4	< 0.5	> 100

1.3 연약지반의 특징 및 분포

우리나라에 분포하는 연약지반은 내륙에서 발견되는 충적 점토, 해안 부근에서 발견되는 해성 점토, 그 밖에 대규모 간척 사업을 통해 새롭게 형성된 매립 지반 등으로 구분된다.

충적 점토(alluvium)는 대략 6,000년 전부터 물에 의해 운반 및 퇴적되어 현재에 이르는 삼각주, 평야 지대, 골짜기 등을 형성하고 있으며, 해성 점토(marine clay)는 강이나 하천을 통해 바다의 해저면에 퇴적된 흙으로 염분의 영향으로 인해 면모구조를 형성하고 있기 때문에 간극비가 크고 매우 연약해서 압축성이 크다.

1.3.1 해성 점토

해성 점토층은 주로 우리나라 서해안 및 남해안에 분포하며, 청회색

의 균질한 점토 및 실트로 이루어져 있다. N값은 보통 5 이하로 압축성이 크고 전단강도가 작다. 일반적으로 연약지반을 구성하는 점성토의 비중은 대략 2.65~2.75 범위이며, 자연함수비는 퇴적 환경에 따라 다르지만 일반적으로 100% 이하이다.

1.3.2 느슨한 모래층

연약지반을 구성하는 사질토의 비중은 보통 2.60~2.70 범위이며, 자연함수비는 흙 입자의 크기, 지하수위 등에 따라 차이가 있지만 일반적으로 30~40% 범위이다. N값이 10 이하이며, 입경이 0.1~1.0 mm의 모래층이 느슨한 상태로 존재하는 경우 지진의 영향으로 액상화 현상이 발생될 수 있다.

1.3.3 고유기질토

유기질토(organic soil)는 식물이나 동물의 부패로 인해 유기물을 포함하고 있는 흙으로 춥거나 습도가 높은 지역에서 발달하며 빙하의 영향을 받은 지역이나 해안 지역에서 나타난다.

유기질토의 함유량이 5% 이상인 고유기질토를 이탄토(peat)라 하며, 안정과 침하 문제가 연약지반보다 심각하기 때문에 침하 및 지지력 등에 문제가 발생할 가능성이 높다.

유기질토는 함수비가 높고, 압축성이 크고, 투수성이 낮고, 전단강도가 작기 때문에 보통 2차 압밀침하량이 크다. 일반적으로 연약지반을 구성하는 흙 입자의 비중은 유기질토 2.3~2.65, 이탄토 2.3 이하이며, 자연 함수비는 흙 입자의 성분에 따라 차이가 많지만 일반적으로 100~300% 이상이다.

1.4 연약지반의 문제점

연약지반에서 발생되는 문제는 다음과 같다.

- 침하 문제

점토나 실트 등 연약토로 구성된 압축성이 큰 지반에 하중이 가해져서 압밀침하, 말뚝에 작용하는 부마찰력 등 연약지반에서 발생되는 문제

- 안정 문제

연약지반 상에 성토를 할 때 원호활동, 기초의 지지력, 토압 등 흙의 전단저항이 약하여 발생되는 문제

- 액상화 문제

지진과 같은 동적 하중(dynamic load)의 영향으로 물로 포화된 느

슨한 사질토 지반에서 발생되는 문제

• 투수성 문제

차수, 분사, 파이핑, 지하수위 하강 등 침투에 의해 발생되는 문제

이들 문제에 대한 대책으로 지반의 조건을 개량하기 위한 연약지반 개량공법이 개발되었다.

시공기술의 확실성 및 개량공법의 경제성 등을 고려하여 연약지반에 구조물을 건설한 후에 문제가 발생되지 않도록 합리적인 대책이 필요하다.

MEMO

MEMO

MEMO

MEMO

Chapter 2

연약지반 개량공법

2.1 연약지반과 건설공사

그림 2.1에 나타낸 바와 같이 연약지반에서 건설공사를 수행하는 경우 구조물의 규모나 시공 속도 등에 의한 구조물 및 주변 지반의 침하, 지지력의 부족으로 인한 지반의 전단파괴 혹은 주변 지반의 융기, 진동이나 지진에 의한 지반의 액상화 등 여러 다양한 문제가 발생할 수 있다.

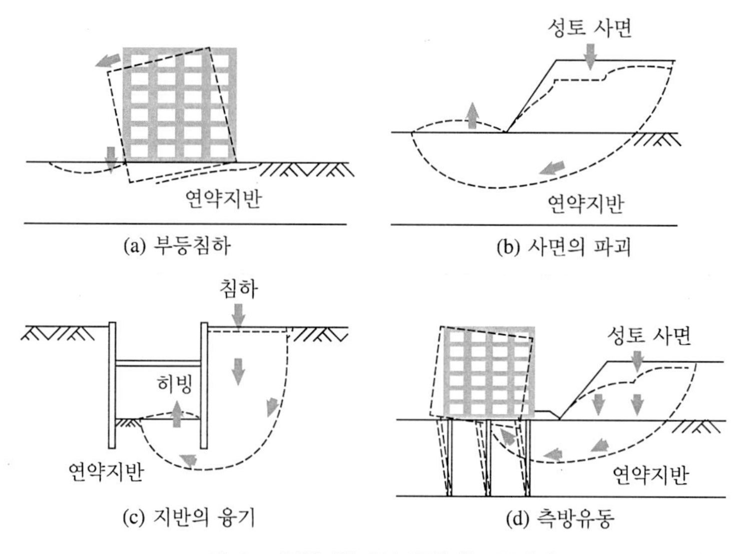

그림 2.1 연약지반에서 발생되는 문제점

연약지반에 다양한 형태의 구조물을 건설하는 경우, 연약지층을 피해서 구조물을 건설하거나, 연약지반에 변형이 발생되지 않도록 구조

그림 2.2 말뚝기초

물의 하중을 줄이거나, 연약지반 자체를 개량하여 지반의 공학적 성질을 개선하는 등의 방법이 있다.

연약지층을 피해서 구조물을 건설한다는 의미는 구조물의 하중을 연약지층에 직접 가하는 것이 아니라 그림 2.2에 나타낸 바와 같이 예를 들어 말뚝기초를 이용하여 연약지층 아래에 존재하는 암반층 등 견고한 지반이 구조물의 하중을 지지할 수 있도록 하여 문제를 해결할 수 있다.

2.2 연약지반 개량공법의 종류

대상 구조물의 종류, 개량의 목적, 연약지반을 구성하고 있는 토질의 특성 등에 의해 여러 다양한 연약지반 개량공법이 개발되어 왔다. 현장에서는 시공 조건에 따라 서로 다른 개량 원리를 응용하여 두 개 이상의 개량공법을 적용하는 경우도 있다.

대표적인 연약지반 개량공법을 공법별 개량 원리, 개량 목적 및 적용 대상 지반으로 정리하면 표 2.1에 나타낸 바와 같다.

표 2.1 연약지반 개량공법의 종류, 목적 및 대상 지반

<table>
<tr><th>구분</th><th colspan="2">공법</th><th>개량 목적</th><th>적용 대상 지반</th></tr>
<tr><td>하중
분산</td><td colspan="2">표층처리 공법</td><td>지지력 향상</td><td>점토 지반</td></tr>
<tr><td rowspan="5">탈수</td><td colspan="2">선행재하 공법</td><td rowspan="5">압밀침하 촉진
지반강도 증가
활동파괴 방지</td><td rowspan="3">점토 지반</td></tr>
<tr><td>연직배수</td><td>샌드드레인 공법
팩드레인 공법
페이퍼드레인 공법
PBD 공법</td></tr>
<tr><td colspan="2">전기침투 공법
침투압 공법</td></tr>
<tr><td>지하수위
저하</td><td>웰포인트 공법</td><td rowspan="2">모래 지반</td></tr>
<tr><td colspan="2">생석회말뚝 공법</td></tr>
<tr><td rowspan="2">다짐</td><td colspan="2">다짐모래말뚝 공법</td><td rowspan="2">침하 감소
활동파괴 방지
액상화 방지</td><td>모래 및 점토 지반</td></tr>
<tr><td colspan="2">동다짐 공법
바이브로플로테이션 공법</td><td>모래 지반</td></tr>
<tr><td rowspan="2">고결</td><td colspan="2">심층혼합처리 공법</td><td rowspan="2">침하 감소
활동파괴 방지
파이핑 방지</td><td>점토 지반</td></tr>
<tr><td colspan="2">동결 공법</td><td>점토 및 모래 지반</td></tr>
<tr><td>치환</td><td colspan="2">치환 공법</td><td>침하 감소
활동파괴 방지</td><td>점토 지반</td></tr>
<tr><td>지수</td><td colspan="2">약액주입 공법</td><td>지수
측방유동 방지</td><td>모래 지반</td></tr>
</table>

2.3 점성토 지반

수분이 다량으로 포함된 점성토 지반은 보통 탈수를 통해 밀도를 증가시키거나, 양질의 토양으로 치환하여 지지력을 향상시킴으로써 개량할 수 있다.

2.3.1 표층처리 공법

샌드매트(sand mat) 공법은 대표적인 표층처리 공법으로 단기간 내에 연약지반 표층부의 지지력을 향상시켜서 시공 장비의 주행성(trafficability)을 확보하는 기술이다. 또한 재하(loading)로 인해 지표로 배출되는 간극수가 샌드매트를 통해 수평 방향으로 이동하여 배출되는 부수적인 효과도 있다.

샌드매트에 사용되는 모래의 입도와 투수계수는 지지력 및 배수 효과를 향상시키는 매우 중요한 역할을 한다. 그림 2.3에 나타낸 바와

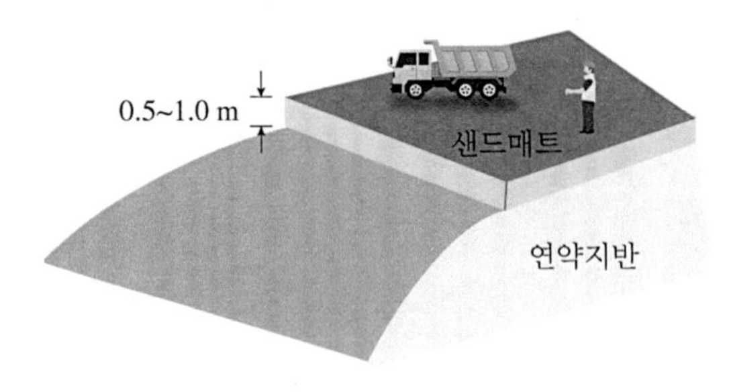

그림 2.3 샌드매트 포설

같이 샌드매트는 연약지반 위에 연속적으로 포설하며, 투수계수가 1 $\times 10^{-3}$ cm/sec 이상인 재료를 사용하여야 한다.

일반적으로 샌드매트의 포설 두께는 0.5~1.0 m 정도이며, 상재하중에 의해 침하가 발생되더라도 배수 기능이 저하되지 않도록 사면의 하단 끝에서 0.5~1.0 m의 여유 폭으로 포설한다. 선행재하 시 성토고가 높은 경우, 샌드매트의 투수성이 저하될 수 있으므로 충분한 두께가 확보되어야 한다.

샌드매트를 통해 간극수가 배출되지 못하는 경우, 동수구배(hydraulic gradient)가 커지도록 사면 선단부에 배수로를 설치하거나 지중에 집수정을 설치하여 양수(pumping)하여야 한다. 모래와 함께 토목섬유, 대나무매트, 진공배수, 고형화, 트렌치 등을 조합하여 사용하면 효과를 높일 수 있다.

2.3.2 선행재하 공법

선행재하(pre-loading) 공법은 연약지반 위에 건설 예정인 계획 구조물의 하중에 의하여 침하가 예상되는 경우, 계획 구조물의 하중보다 크거나 동등한 하중을 미리 가하여 구조물의 시공 이전에 침하가 발생되도록 유도하여 지지력을 확보하는 기술이다. 우리나라에서는 서해안과 남해안 지역의 대규모 매립 공사에 널리 사용된 바 있다.

그림 2.4 **선행재하 공법**

선행재하 공법은 공사 기간을 고려하여 재하 하중에 대한 안정성을 검토하고 단계별로 성토하여야 하며 침하량, 침하 속도, 지반의 활동에 대한 안정성 등을 지속적으로 관찰해야 한다.

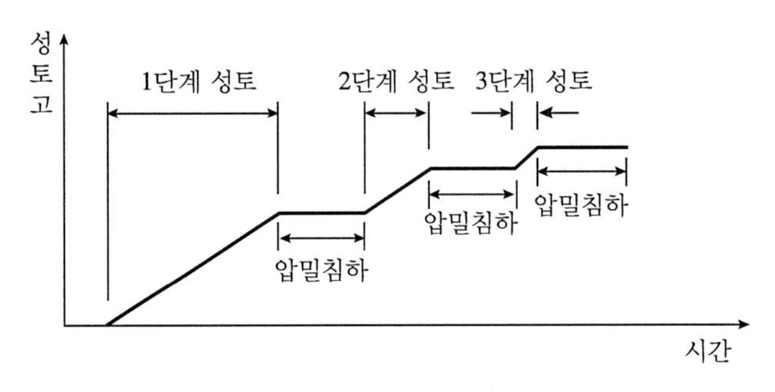

그림 2.5 **단계별 성토**

연약지층이 두꺼운 경우, 장기간의 침하가 예상되며 적용 기간도 길어지기 때문에 기간 단축을 위해서 연직배수 공법을 병행하여 시공하기도 한다.

2.3.3 연직배수 공법

연직배수(vertical drain) 공법은 연약한 점토 지반에 수직으로 배수재를 관입하여 점토층 내에 존재하는 간극수의 배수거리를 단축시킴으로써 단기간 내에 압밀침하를 유도하여 지반을 안정화시키는 기술이다.

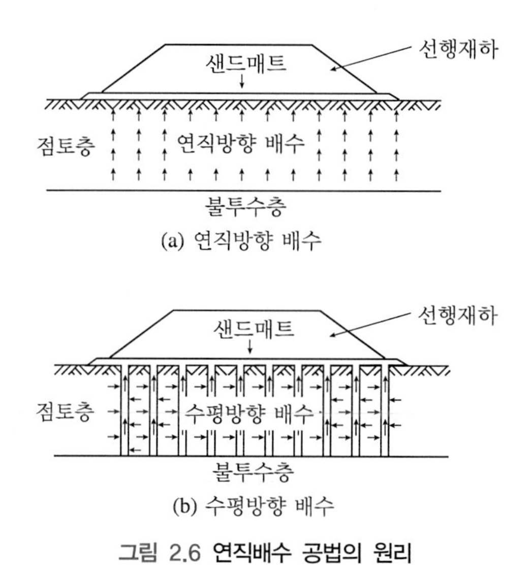

그림 2.6 연직배수 공법의 원리

지상으로 배출된 간극수가 수평방향으로 배수될 수 있도록 우선 샌드매트를 포설한 후, 샌드매트의 상단에서 배수재를 지중으로 관입하여 설치한다.

연직배수 공법에 사용되는 배수재의 종류에 따라 샌드드레인, 팩드레인, 페이퍼드레인, 플라스틱보드드레인 등이 널리 사용되고 있다.

(1) 샌드드레인 공법

샌드드레인(sand drain) 공법은 투수성이 좋은 모래를 사용하며, 직경 40 cm의 원형 모래 기둥을 2.0~6.0 m 간격으로 지중에 설치함으로써 과잉간극수압이 방사선 방향으로 소산되어 압밀이 촉진되는 기술이다. 모래 기둥은 삼각형이나 정방형으로 배치하며, 기둥의 간격은 수직 및 수평 압밀계수를 이용하여 결정한다.

샌드드레인의 시공 순서는 다음과 같다.

① 원통형 맨드렐(mandrel)을 샌드드레인 설치 지점에 위치시킨다.

② 시공 장비를 이용하여 맨드렐을 지중에 관입한다.

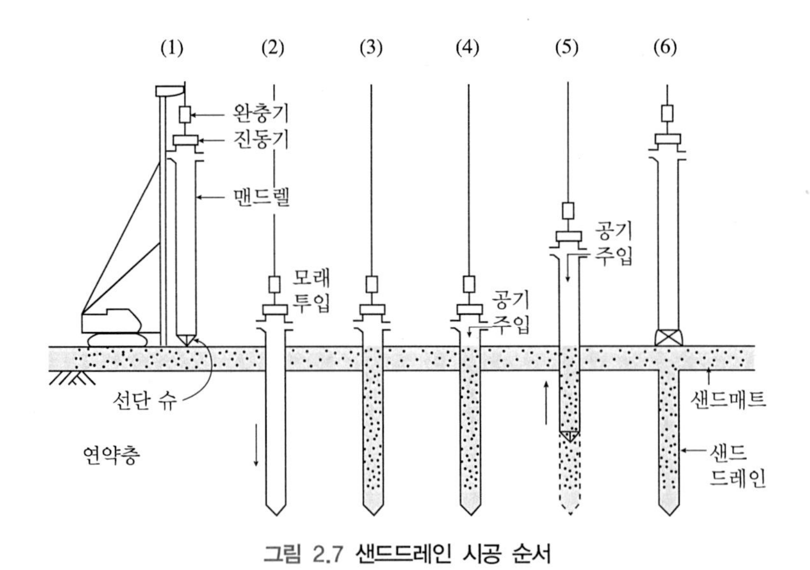

그림 2.7 샌드드레인 시공 순서

③ 맨드렐의 내측에 모래를 타설한다.

④ 공기압을 가하여 맨드렐 내측의 모래 기둥을 다진다.

⑤ 공기압을 가하면서 맨드렐을 인발한다.

⑥ 맨드렐 인발 시, 선단부는 자동으로 열리기 때문에 모래 기둥은 연약지층에 남게 된다.

(2) 팩드레인 공법

팩드레인(pack drain) 공법은 지중에 타설된 모래 기둥이 절단되기 쉬운 샌드드레인 공법의 단점을 보완하기 위하여 폴리에틸렌(polyethylene) 망태에 모래를 채워 넣은 모래 기둥을 지중에 설치하여 압밀배수를 촉진시키는 기술이다.

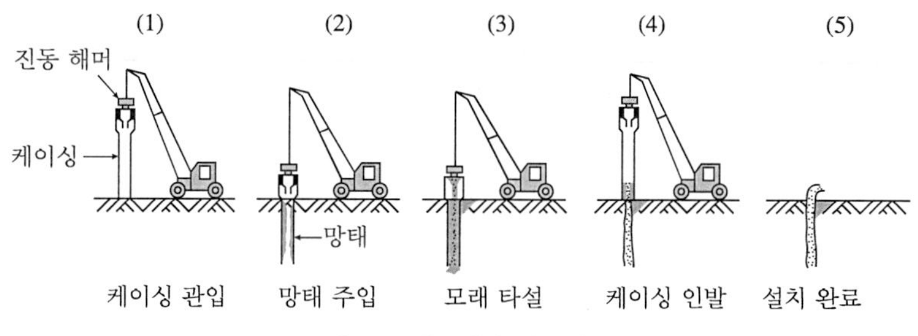

그림 2.8 팩드레인 시공 순서

팩드레인 공법은 직경 12 cm의 모래 기둥 4개를 지중에 동시에 설치할 수 있기 때문에 모래의 사용량이 감소되고 설치가 신속하여 샌드드레인 공법에 비해 경제성 및 시공성이 좋다. 우리나라에서는

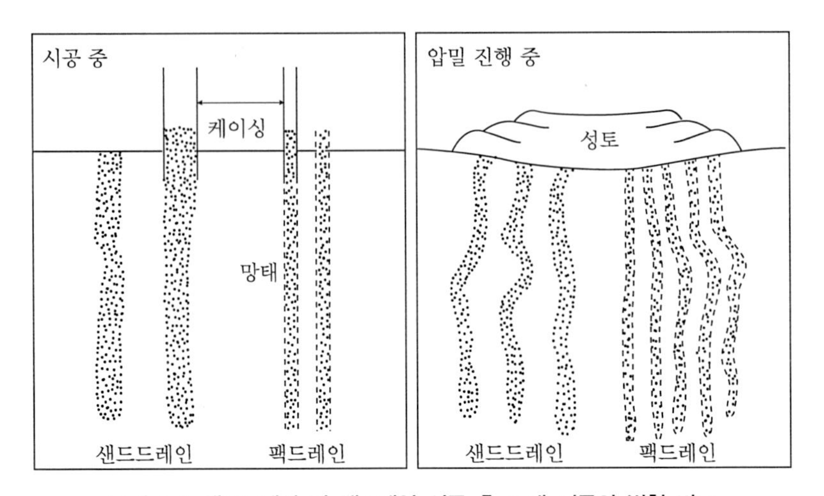

그림 2.9 샌드드레인 및 팩드레인 시공 후 모래 기둥의 변형 비교

1990년대 고속도로 건설공사에서 처음 적용되었다.

(3) 플라스틱보드드레인 공법

플라스틱보드드레인(plastic board drain; PBD) 공법은 초기에 플라스틱보드 대신 종이판지(cardboard)를 배수재로 사용하여 페이퍼드레인(paper drain) 공법으로 불리기도 하였으나, 현재는 합성섬유와 필터로 구성된 인공배수재를 사용하기 때문에 지반의 교란이 감소되며 신속한 시공이 가능하다.

그림 2.10에 나타낸 바와 같이 플라스틱보드는 다양한 형상의 코어(core)를 필터로 감싼 형태이며 두께 5 mm, 폭 100 mm 정도의 PBD를 1.0~2.0 m 간격으로 관입하여 간극수의 흐름을 연직 방향에서 수평방향으로 변환시켜 점토 지반의 압밀을 촉진시키는 기술이다. 최근

에는 모래 수급이 용이하지 않아 PBD 공법의 적용이 활발하다.

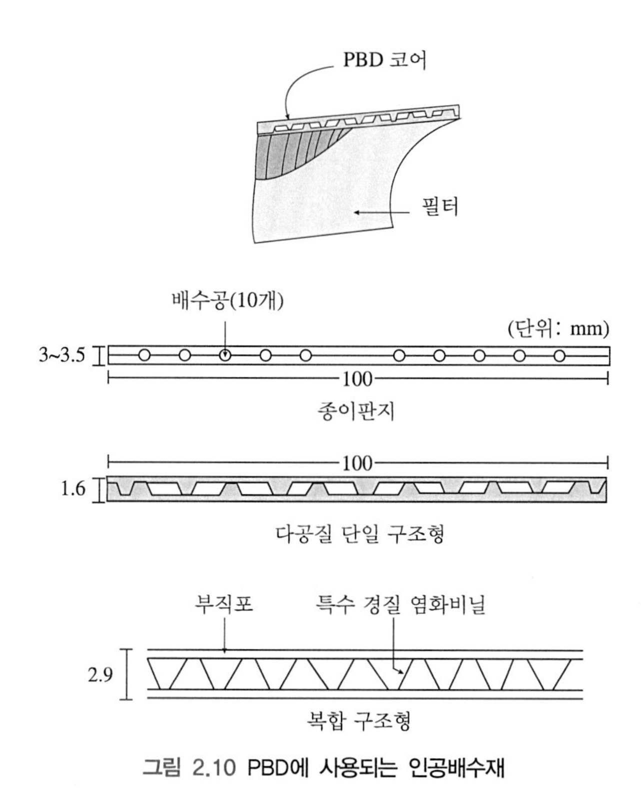

그림 2.10 PBD에 사용되는 인공배수재

PBD 공법의 시공 순서는 다음과 같다.

① 맨드렐의 내측을 통과시켜서 하단부에서 PBD와 앵커(anchor)를 걸립힌다.

② 시공 장비를 이용하여 맨드렐을 지중으로 관입하면, 앵커와 함께 PBD도 관입된다.

③ 맨드렐이 계획 깊이에 도달하면 시공 장비를 이용하여 맨드렐을 인발한다. 앵커는 맨드렐과 분리되므로 지중에 남게 되고, 앵커와 결합되어 있는 PBD의 측면은 흙과 접촉되면서 지중에 남게 된다.

④ 맨드렐의 인발이 완료되면 지상에서 PBD를 절단함으로써 설치가 완료된다.

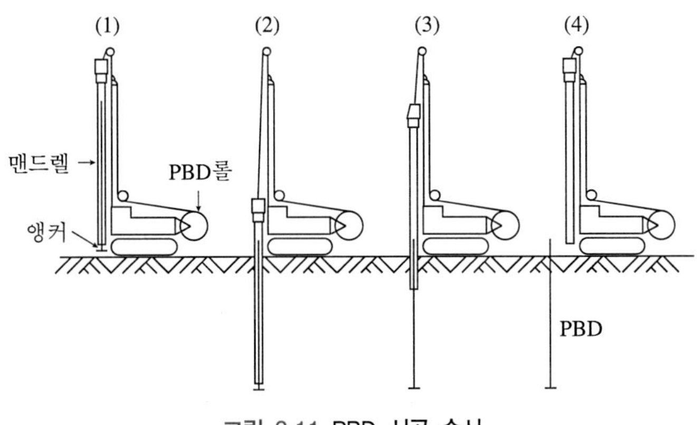

그림 2.11 PBD 시공 순서

PBD는 주문·생산되는 제품이므로 재료가 균질하기 때문에 배수 효과가 일정하고, 시공 속도가 샌드드레인 공법에 비해 신속하고 공사비도 저렴하다. 재료의 특성상 경량의 시공 장비를 이용하기 때문에 초연약지반의 개량이 가능하며, 지반의 교란도 적다.

지중에 모래 기둥을 타설하는 샌드드레인 공법에서 부수적으로 발휘되는 강도증대 효과는 기대할 수 없다. 연약지층의 상부에 단단한 모래층이 있는 경우 시공이 곤란하고, 압밀에 의한 침하로 발생되는 배수제의 변형이 샌드드레인 공법에 비해 상대적으로 크다.

2.3.4 전기침투 공법

전기삼투 현상은 1809년 Reuss에 의해 최초로 발견되었고, 1939년 독일의 철도 부설 공사 현장에서 연약지반의 안정화를 위해 처음으로 실무에 적용된 이래 유럽 및 북미에서 사면, 제방, 댐, 굴착 등 다양한 건설 분야에서 활용되고 있다.

그림 2.12에 나타낸 바와 같이 전기삼투(electro-osmosis)는 물로

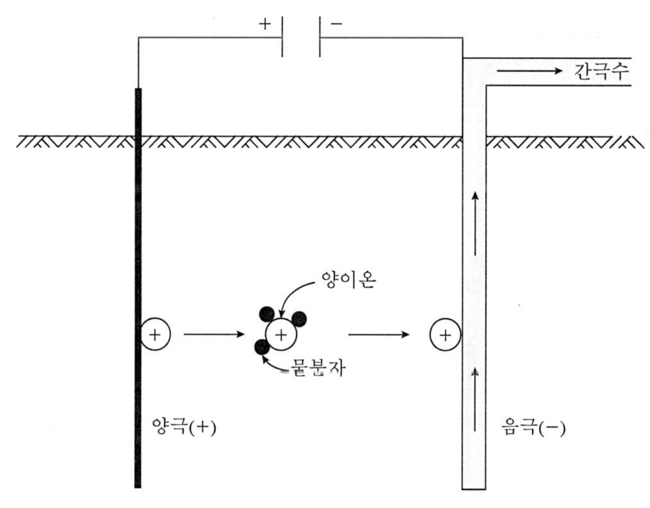

그림 2.12 전기삼투에 의한 물의 흐름

포화된 세립토 지반에 한 쌍의 전극을 설치하고 직류전류(direct current; DC)를 흘려주면, 전기적으로 형성된 삼투 현상으로 인해 (+)전극에서 (−)전극 방향으로 간극수가 흐르게 되며 (−)전극에 설치된 추출정을 통해 간극수를 배수하여 지반의 전단강도와 지지력을 향상시키는 기술이다.

• 물 분자의 극성

물 분자는 공유 결합(수소 원자 2개와 산소 원자 1개)으로 이루어져 있으며, 수소와 산소의 전기음성도가 다르기 때문에 극성(polarity)을 띠게 된다. 즉, 산소 원자 측에서는 부분적인 (−)전하를, 수소 원자 측에서는 부분적인 (+)전하를 띠고 있다.

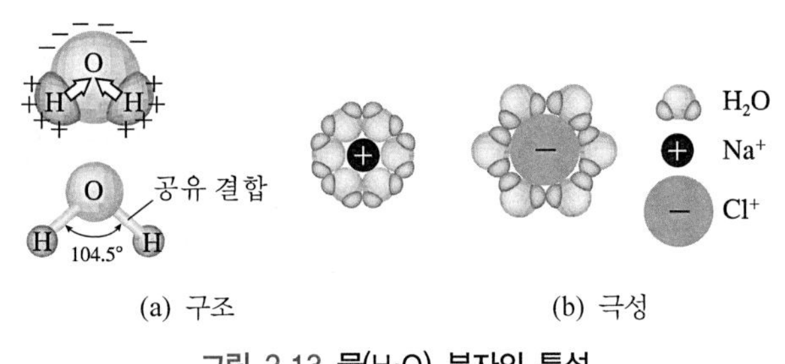

그림 2.13 물(H_2O) 분자의 특성

• 점토 입자의 표면 전하

점토는 입자의 표면에 음전하를 띠고 있기 때문에 지하수나 빗물 등에 포함된 (+)이온이 점토의 입자 표면에 흡착되므로, 일반적으로 점토질 지반에는 (−)이온보다 (+)이온이 더 많이 존재하게 된다.

• 전기삼투에 의한 물 분자의 이동 기작

점토 지반에 직류(DC) 전류를 가하면 토양 내에 존재하는 (+)이온 및 (−)이온은 각각 음극 및 양극 방향으로 이동하게 되며, 이때 이온의 이동과 함께 극성을 띠고 있는 물 분자를 끌고 가게 된다. 즉, 전기적 영향에 의해 간극수가 직접 이동하는 것이 아니라 이온의 이동에 의해 물 분자가 끌려가게 된다.

점성토 내에서 (−)이온에 의해 양극 방향으로 이동하는 물 분자보다 (+)이온에 의해 음극 방향으로 이동하는 물 분자가 압도적으로 많기 때문에 총체적으로 간극수는 양극에서 음극 방향으로 이동하게 된다. 즉, 전기삼투는 (+)이온에 의해 발생된 간극수의 흐름이기 때문에 점토가 포함된 세립토에 효과적이며, 조립토에는 효과가 낮다.

전기침투 공법은 광범위한 지반개량에는 다른 공법에 비해 비경제적이지만, 투수성이 낮은 세립토의 탈수나 산사태 지역과 같이 재하(loading)에 의해 개량할 수 없는 특수한 경우 효과적인 공법이다.

2.3.5 생석회말뚝 공법

생석회말뚝(lime pile) 공법은 생석회와 토양과의 상호 반응(탈수, 건조, 팽창 등)을 통해 연약지반을 개량하는 기술이다. 그림 2.14에

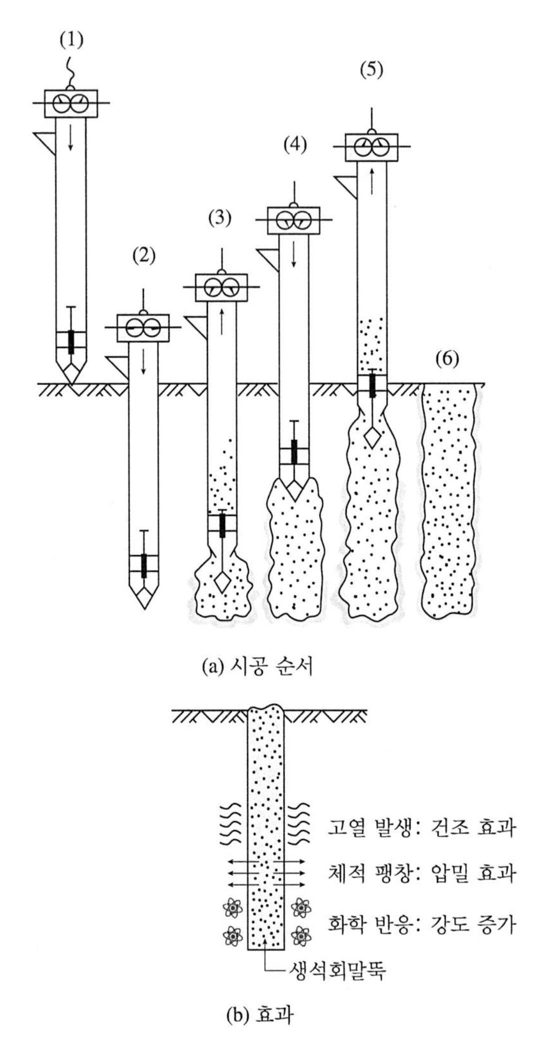

그림 2.14 생석회말뚝 공법

나타낸 바와 같이 연약점토층에 케이싱을 관입하고 생석회를 타설하면 지반 내 간극수를 흡수하여 발열 반응(최고 400°C)이 일어나면서 생석회는 소석회로 변환된다.

발열 반응으로 인해 지반 내 간극수의 증발(건조 효과)이 촉진되고, 석회 기둥의 체적이 2배로 팽창하면서 연약지층을 수평방향으로 압축시켜서 압밀(탈수 및 압축 효과)을 촉진시키게 된다.

석회는 특정 점토 광물과 화학 반응을 일으키는데, 석회 기둥과 연약토층이 서로 접촉되는 영역(대략 0.5 m 정도)에서 탄산칼슘 등을 형성하여 지반의 강도를 증가시키는 효과도 있다.

생석회말뚝 공법은 탈수에 의해 연약토층이 수축되지만 석회 기둥이 팽창하는 효과와 함께 응력이 말뚝에 집중되기 때문에 침하가 과도하게 일어나지 않는다. 생석회는 인체에 유해하므로 호흡기와 신체 접촉에 주의하여 취급해야 한다.

2.3.6 침투압 공법

침투압(osmotic pressure) 공법은 그림 2.15에 나타낸 바와 같이 함수비가 높은 점토층에 반투막 중공 원통(ϕ가 약 25 cm)을 관입하고, 그 안에 농도가 높은 용액을 주입해서 침투 현상에 의해 점토층 내의 간극수를 흡수 및 탈수시키는 기술이다.

투수성이 작고 얇은 반투막은 보통 폴리비닐알코올(polyvinyl alcohol; PVA)이라는 합성수지를 사용하며 두꺼운 섬유로 감아서 나선 형태의 중공 원통을 만든다. 중공 원통은 일반적으로 1.25 m 간격의 정삼

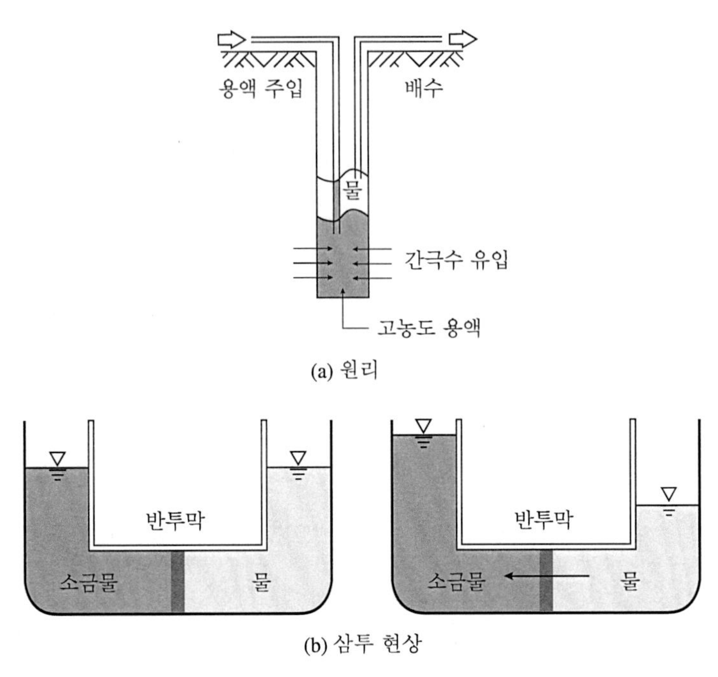

그림 2.15 침투압 공법

각형 배치를 하며 시공 깊이는 대략 3 m 정도로 연약지반의 표층부 개량에 적용된다.

용매는 통과하고 용질은 통과하지 못하는 반투막을 이용하기 때문에 점토층 내의 물 분자는 중공 원통으로 이동하여 결과적으로 농도가 같아지려고 하는 삼투 현상이 작용하여 중공 원통과 점토층 사이에 침투압이라고 하는 수두차가 발생하게 된다.

중공 원통에 주입하는 용액의 농도를 조절하여 상재 하중에 해당되는 침투압의 크기를 결정할 수 있다. 침투압 공법에 사용되는 용액은

펄프나 섬유 공장에서 발생되는 공장 폐액을 활용하면 경제적이다. 용액이 물을 흡수하여 농도가 낮아지면 침투 효과가 저하되므로 지속적으로 용질을 공급해주어야 한다.

2.3.7 치환 공법

치환 공법(replacement method)은 연약지층이 얇은 경우 혹은 지지력을 기대할 수 없는 연약지반이 국부적으로 분포하는 경우에 적용하며

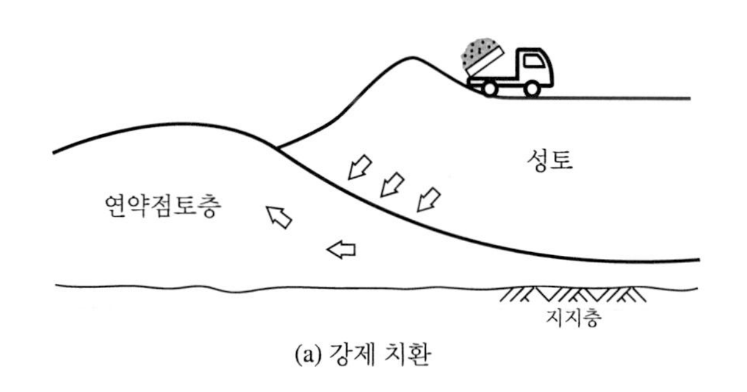

(a) 강제 치환

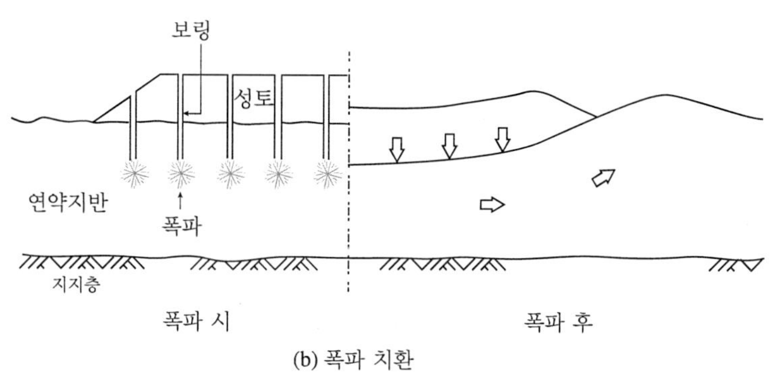

(b) 폭파 치환

그림 2.16 치환 공법

연약한 점토층의 일부 또는 전부를 제거한 후, 양질의 모래와 자갈 등 조립토로 치환하여 지지력을 증대시키는 기술이다.

치환 공법은 공사 기간을 단축할 수 있고 공사비가 저렴하기 때문에 자주 사용되지만, 치환 두께가 두꺼워질수록 흙을 임시로 쌓아두기 위한 방토나 잔존 흙의 처리가 필요하므로 비경제적이다.

치환 공법은 시공 방법에 따라 굴착 치환, 강제 치환, 폭파 치환 등이 있다.

굴착 치환은 불량토를 굴착한 뒤 양질토로 교체하는 방법으로 균일한 시공이 가능하여 효과적이지만, 굴착 심도가 깊으면 비경제적이므로 보통 토층의 두께가 3 m 이하인 경우 적합하다.

강제 치환은 연약한 토층 위에 성토하여 강제로 연약한 점토층을 밀어내어 양질의 성토 재료로 교체하는 방법으로 비교적 시공이 간단하지만 균일한 치환이 어렵고 부등침하가 발생할 수 있다.

폭파 치환은 1960년대 구소련에서 개발되었으며 연약한 토층 위에 어느 정도 성토한 후, 보링(boring)에 의해 연약지반 내에 폭약을 매설하고 동시에 폭파시키면 연약점토층은 일시적으로 유동 상태가 되고 성토하중에 의해 연약토층이 밀려나가게 되어 침하가 발생된다.

2.3.8 심층혼합처리 공법

심층혼합처리 공법(deep soil mixing method)은 연약한 점성토 지반의 심층부를 개량하기 위하여 석회나 시멘트 등을 원지반의 흙과 혼합·교반하여 말뚝 형태의 개량체를 조성함으로써 지반의 강도를 증가시키는 기술이다.

개량 심도는 최대 30 m이며, 탈수 및 배수 공법에 비해 개량 후 지반의 강도가 높고 강도의 발현도 빠르기 때문에 공사 기간을 단축할 수 있다. 타 공법에 비해 공사비가 고가이며, 고유기질토가 함유되어 있는 지반의 경우 강도의 발현이 어렵다.

2.4 사질토 지반

느슨한 사질토 지반은 보통 다짐을 통해 지지력을 향상시킴으로써 개량할 수 있다.

2.4.1 다짐모래말뚝 공법

다짐모래말뚝(sand compaction pile; SCP) 공법은 주로 느슨한 사질토 지반에 케이싱($\phi = 40$ cm)을 관입하고 모래를 타설한 후, 케이싱에 진동 하중을 가하면서 인발과 관입을 반복하여 모래를 압축해서 확장시킴으로써 연약토층에 잘 다져진 모래 말뚝(ϕ = 60~80 cm)을 형성하는 기술로 지지력 향상, 압축침하 방지, 전단저항 및 수평저항

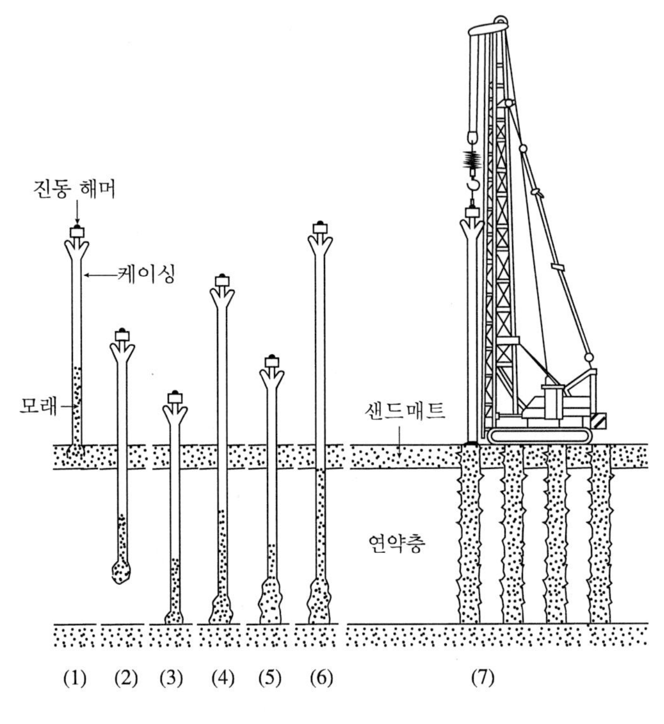

(a) 시공 순서

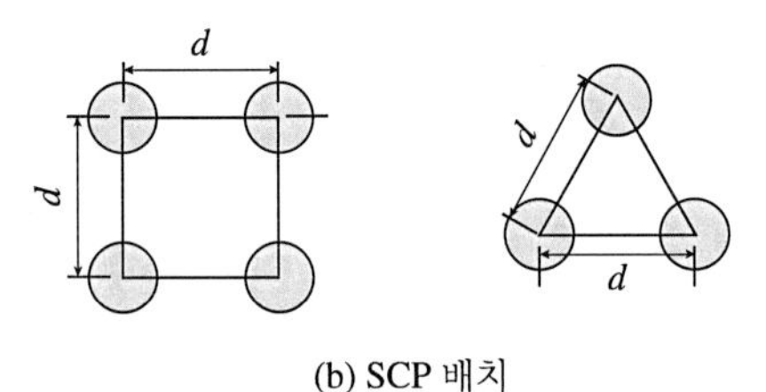

(b) SCP 배치

그림 2.17 다짐모래말뚝 공법

증가, 액상화 방지 등을 목적으로 한다. 모래 말뚝의 배치는 정방형 혹은 삼각형 배치로 하며, 대략 1.5~2.5 m 간격으로 설치한다.

다짐모래말뚝 공법을 점성토 지반에 적용하는 경우, 모래 대신 자갈이나 쇄석을 이용하기도 하며 연약점토층에 관입된 말뚝으로 인해 지지력 향상, 전단저항 증가, 압밀침하 감소, 압밀시간 단축(배수 효과) 등의 효과가 발생된다.

2.4.2 동다짐 공법

동다짐(dynamic compaction) 공법은 주로 사질토 지반의 강도를 증가시키기 위해 적용하는 기술로 표층 다짐 및 심층 다짐으로 구분된다.

표층 다짐은 주로 다른 개량공법을 적용한 후 마무리 표층처리를 위하여 사용되며, 심층 다짐은 지반의 심층부에 두껍게 존재하는 느슨한 사질토층의 밀도를 증가시키기 위하여 사용된다.

심층 다짐은 원기둥 형태의 콘크리트 해머(중량 10~40 t, 면적 2~4 m)를 크레인을 이용하여 10~25 m 높이로 들어 올려서 지표면에 반복적으로 자유 낙하시킴으로써 발생되는 충격과 진동에 의하여 지반의 깊은 곳까지 개량하는 기술이다.

개량 심도는 지표로부터 대략 10 m 정도이지만, 타격 에너지를 증가시키면 40 m 정도까지도 개량이 가능하다.

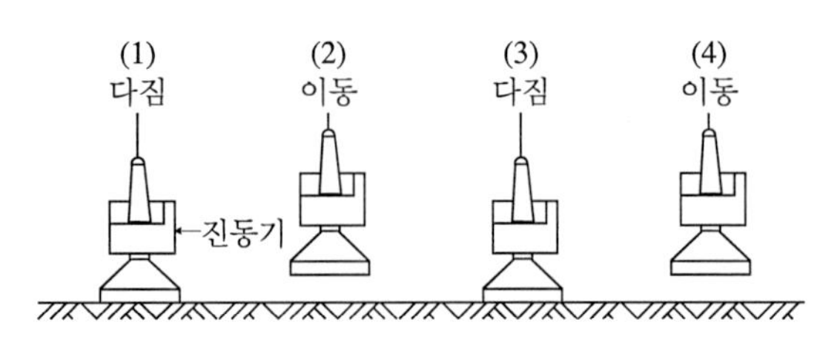

(a) 표층 다짐

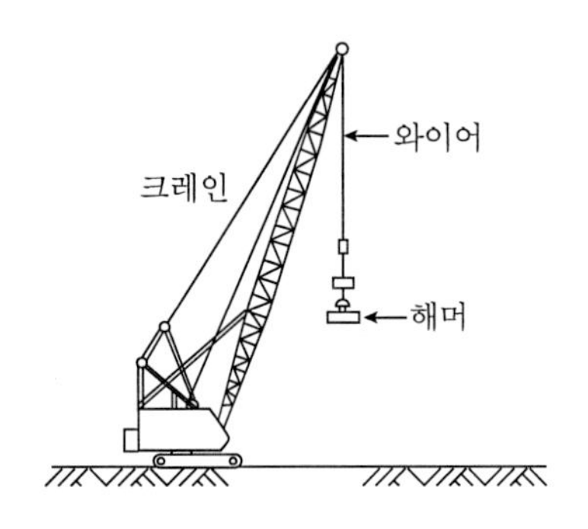

(b) 심층 다짐

그림 2.18 **동다짐 공법**

심층 다짐은 느슨한 사질토 지반의 액상화 방지를 위하여 적용되며, 동적 하중과 반복 하중에 의해 발생된 간극수압의 영향으로 흙입자가 이완되었다가 조밀한 상태로 재배열되는 원리를 이용하여 지지력을 향상시키게 된다.

2.4.3 바이브로플로테이션 공법

바이브로플로테이션(vibroflotation) 공법은 진동 및 물다짐 효과를 이용해서 느슨한 사질토 지반의 지지력 향상, 압축침하 방지, 전단강도 증가, 액상화 방지 등에 사용되는 기술이다. 특히, 하천이나 바다와 같이 수중에 존재하는 연약지반의 개량도 가능하다.

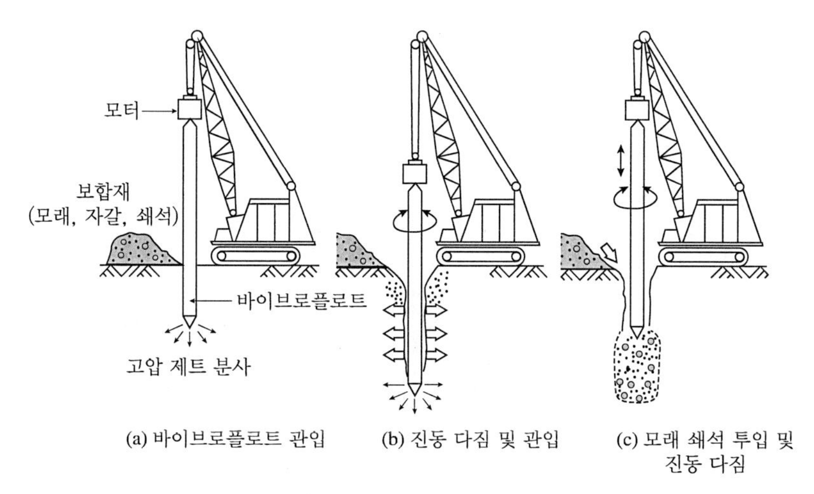

그림 2.19 바이브로플로테이션 공법의 시공 순서

바이브로플로트(vibro flot)라고 하는 진동체(ϕ = 20 cm)의 선단에서 고압으로 물을 분사함과 동시에 수평방향으로 진동을 일으켜서 생긴 빈틈으로 모래, 자갈, 쇄석 등을 채워 넣고 진동을 주면서 인발 및 관입을 반복하여 쇄석이나 자갈 등을 확장시켜서 말뚝을 형성하게 된다.

2.4.4 약액주입 공법

약액주입(chemical grouting) 공법은 연약토층 내에 주입관을 설치하고 압력을 가하면서 시멘트, 아스팔트 등의 약액을 주입하여 지반을 고결시키는 기술이다. 약액의 주입으로 흙 입자 사이의 간극이나 공동, 균열 등에 채워진 안정화제(stabilizer)가 고결되면서 결속(bonding particles)되어 지반의 강도는 증가하고 팽창은 방지되는 효과가 있다.

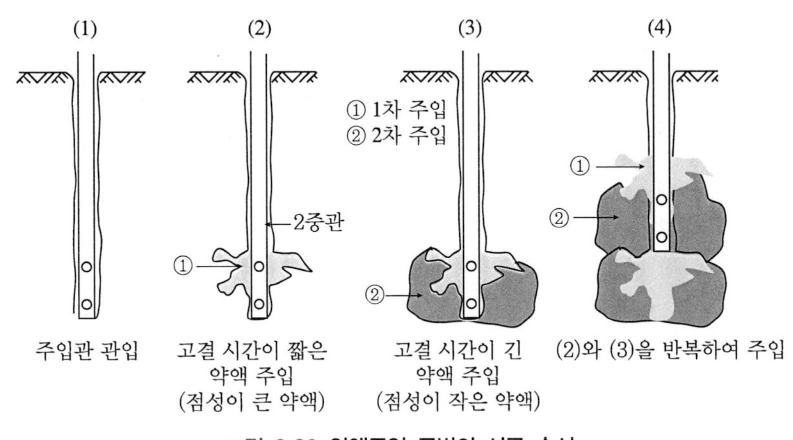

그림 2.20 약액주입 공법의 시공 순서

시멘트계, 벤토나이트계, 아스팔트계 등 현탁액형 약액은 주로 N값이 5~10 정도의 지반에 적용하며 물유리계, 고분자계 등 용액형 약액은 주로 N값이 10 이상인 지반이나 균열이 많은 풍화암 지역에 적용한다.

물유리계 약액은 주로 차수를 목적으로 사용하지만, 지반의 강도 증가를 목적으로 하는 경우 시멘트계 약액과 혼합하여 사용한다. 약액주입 공법은 비용이 많이 소요되기 때문에 비교적 소규모 지역에 한정하여 적용되거나 다른 기술로 처리할 수 없는 특수한 경우에 적용된다.

연약토층에 약액을 주입하기 위하여 보통 세립토의 함유량이 10% 미만인 경우 적합하다. 약액의 사용으로 인해 지하수가 오염되지 않도록 불소 화합물이 포함되지 않은 약액으로 제한되고 있다.

2.4.5 폭파다짐 공법

다이너마이트를 발파하여 폭발 시 발생하는 충격력을 이용하여 느슨한 모래 지반을 다지는 기술이다.

2.4.6 전기충격 공법

전기충격(electric pulse compaction) 공법은 지반에 미리 물을 주입하여 포화 상태로 만든 다음 방전용 전극을 지중에 관입하고 고압 전류를 일으켜서 발생된 충격력으로 지반을 다지는 기술이다.

2.5 일시적 지반개량

2.5.1 진공압밀 공법

진공압밀(vacuum consolidation) 공법은 초연약 점성토 지반에 연성

주름관 등 연직배수재를 관입하고, 지표면에 진공 보호막(membrane)을 덮은 후 진공 펌프와 연결하여 지중을 진공 상태로 만들면 대기압이 깊은 심도까지 동일한 하중으로 작용하게 되어 강제 탈수되는 기술이다.

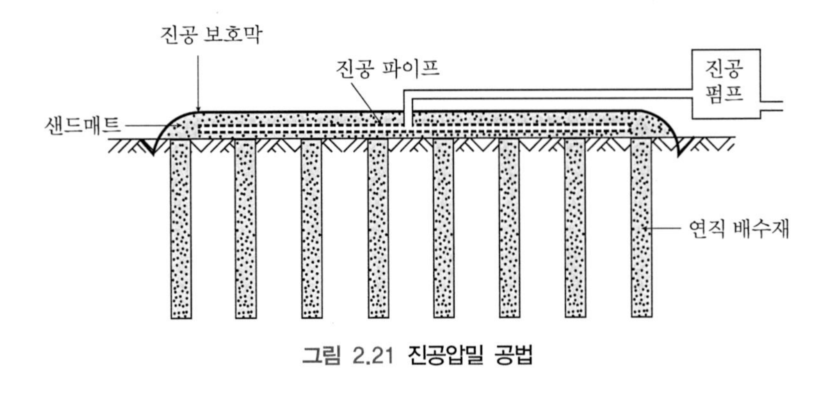

그림 2.21 **진공압밀 공법**

진공압밀 공법은 등방압밀 상태가 되므로 지표 및 지중까지 동일한 크기의 대기압이 작용하게 된다. 진공으로 인한 대기압 하중은 선행재하중(프리로딩) 4.5 m 높이의 여성토와 같은 효과로서 지반개량에 필요한 여성토 및 사토량이 절감된다.

2.5.2 웰포인트 공법

지중에 웰포인트(well point)라는 흡수관(pipe)을 1~2 m 간격으로 설치하고 진공 펌프를 이용하여 지하수를 흡입·탈수하여 지하수위를 저하시키는 기술로, 처리(배수)가능 심도는 6 m이며 투수계수가 큰 모래 지반에 주로 적용하지만 실트질 모래(silty sand) 지반에도 적용할 수 있다.

웰포인트 공법을 적용하면 지반의 전단저항이 증가하기 때문에 굴착 비탈면의 붕괴 및 퀵샌드(quick sand) 현상을 방지할 수 있고, 지하수위의 저하로 인해 건조한 지반 상태에서 굴착 등 시공이 가능하므로 공사 기간이 단축된다.

반면에 지하수위의 강하로 인해 주변 지반에 침하가 발생될 수 있고, 투수성이 낮은 세립토(실트) 지반에 적용하는 경우 배수 간격이 좁아지기 때문에 비경제적이며, 유지 및 관리 비용이 많이 소요된다.

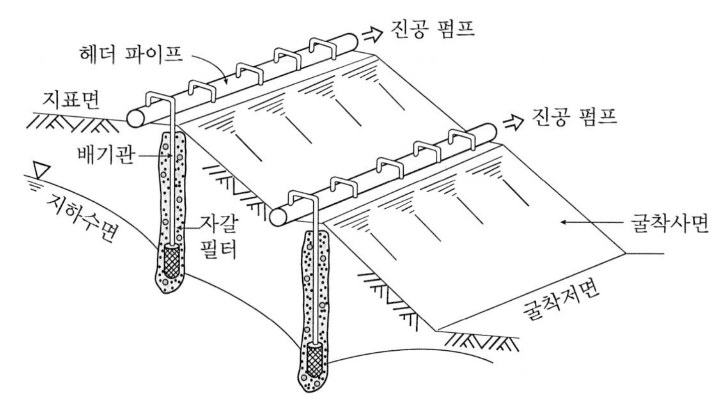

그림 2.22 웰포인트 공법

2.5.3 동결 공법

동결(ground freezing) 공법은 직접 동결 및 간접 동결로 구분된다.

직접 동결은 지반 내에 직접 액체 질소를 주입하여 냉각하는 방법으로 지반이 동결될 때 팽창되기 때문에 주변 구조물에 영향을 주지 않도록 주의해야 한다.

간접 동결은 그림 2.23에 나타낸 바와 같이 동결 관을 지반 내에 설치하고 액체 질소와 같은 냉각제를 흐르게 하여 주변 토양 내에 존재하는 간극수를 동결하여 고화시키는 공법으로 붕괴나 용수의 누출을 방지하면서 굴착하는 경우 적용된다. 동결된 지층은 일시적인 차수벽으로 이용되며 주로 지하수위가 높은 연약지반, 사력층, 피압 대수층 등에 적용할 수 있다.

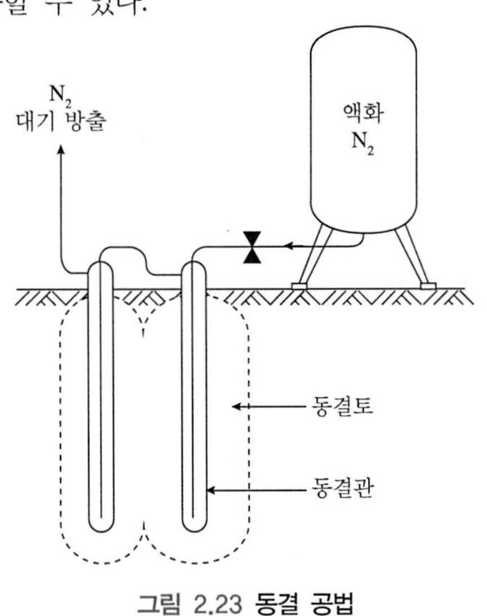

그림 2.23 동결 공법

MEMO

MEMO

MEMO

MEMO

Chapter 3

토양오염 기초지식

3.1 토양 환경

토양오염이란 인간의 활동으로 인해 토양 내에 특정 화학 물질의 농도가 높아져서 인간의 건강이나 재산 그리고 주변 생태계에 피해를 주는 상태를 말한다. 토양오염은 국가에 따라 토양에 한정하거나 지하수까지 포함하여 규정하고 있으며 네덜란드, 핀란드, 일본은 토양에 한정하고 있지만 독일, 덴마크는 지하수까지 포함하고 있다.

3.1.1 토양의 성분과 특성

토양은 일반적으로 암석의 풍화로 생성된 무기물(45%)과 각종 동·식물에서 유래된 유기물(5%)로 골격을 형성하고 있으며, 토양 간극 내에는 다양한 이온이 함유되어 있는 물(20~30%) 그리고 산소와 이산화탄소 등을 포함한 공기(20~30%)가 존재하고 있다.

1차 광물은 6대 조암광물(rock forming mineral)인 석영, 장석, 흑운모, 각섬석, 휘석, 감람석을 말하며, 2차 광물은 1차 광물의 변성 및 풍화작용으로 생성된 점토를 말한다. 광물을 부피비로 비교하면 장석 > 석영 > 휘석 > 기타 순으로 장석이 가장 많은 부피를 차지한다.

토양에서 규소, 철, 알루미늄, 칼슘 등의 무기물은 보통 산화물인 SiO_2, Fe_2O_3, Al_2O_3, $CaCO_3$의 형태로 존재하는데, 이들 중 규산염

(SiO_2)이 대략 50% 이상을 차지하고 있다.

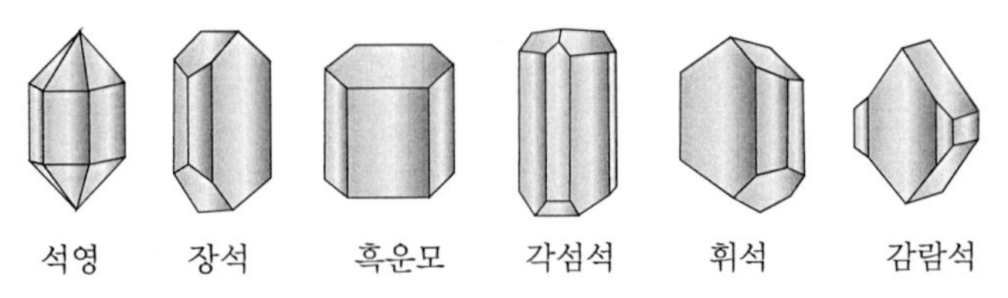

그림 3.1 조암광물의 형상 및 성질

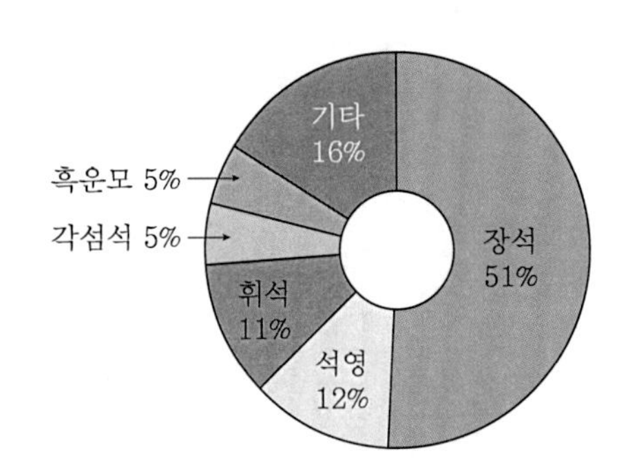

그림 3.2 조암광물의 부피비

3.1.2 토양의 물리 · 화학적 성질

모래의 함량이 높은 토양은 투수성 및 통기성이 양호하므로 배수가 쉽고, 입자가 분리되어 있어서 점착력과 응집력이 거의 없다. 반면에 점토의 함량이 높은 토양은 투수성 및 통기성이 불량하므로 배수가 어렵고, 표면 활성이 높아서 점착력과 응집력이 크다.

토양 내에 존재하는 물은 물질의 운반자로서 중요한 역할을 한다. 토양 내의 물은 흙 입자들 사이의 빈 공간인 간극에 존재하는 간극수를 말하며, 간극수에는 물에 용해된 유기물질 및 무기물질이 포함되어 있다.

토양 입자와 물 분자 사이에는 흡착력과 응집력이 작용한다. 흡착수(adsorbed water)는 흙 입자의 표면에 전기적으로 결합되어 있는 물로 지하수와 섞이지 않으며, 점토의 점착력에 영향력이 크다. 결합수(bound water)는 흙 입자와 화학적으로 결합되어 있는 물로 가열하여도 분리되지 않는다.

(1) pH

pH는 수소 이온의 농도 지수로 수소 이온 몰농도 역수의 상용대수 값으로 나타낸다. pH는 0에서 14까지 있으며, pH가 7.0이면 중성이고 7.0 이하이면 산성, 7.0 이상이면 알칼리성이다.

$$pH = \log \frac{1}{[H^+]} \tag{1}$$

일반적으로 토양의 pH는 대략 3~9 범위이며, 산성비는 토양의 pH를 저하시킨다. 우리나라의 경우, 해안 지역 토양은 알칼리성이며 내륙 지방은 대부분 산성이다.

토양의 pH는 오염물질의 이동에 중요한 영향을 미치게 되는데, 중금속은 산성에서 용해도가 증가하는 경향을 나타내므로 pH가 감소하면 토양 내 중금속의 이동이 증가하게 된다.

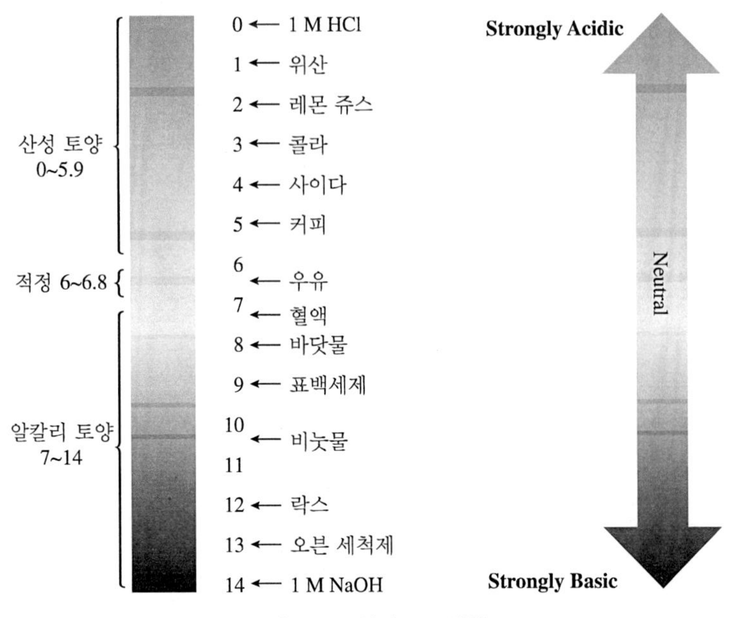

그림 3.3 토양의 pH 범위

(2) 확산이중층

점토의 표면은 전기적으로 음전하를 띠고 있다. 따라서 토양 내 간극수에 존재하는 양이온들은 일반적으로 음전하를 띠는 점토의 표면으로 이동하여 흡착된다. 이들 점토의 표면에 흡착된 양이온들로 구성된 이온층을 확산이중층(diffuse double layer)이라고 한다.

그림 3.4에 나타낸 바와 같이 점토의 표면에 가까울수록 강한 전기적 인력으로 인해 양이온의 밀도가 높고, 표면에서 멀어질수록 양이온의 밀도가 낮아지기 때문에 확산이중층의 가장 바깥쪽에서의 양이

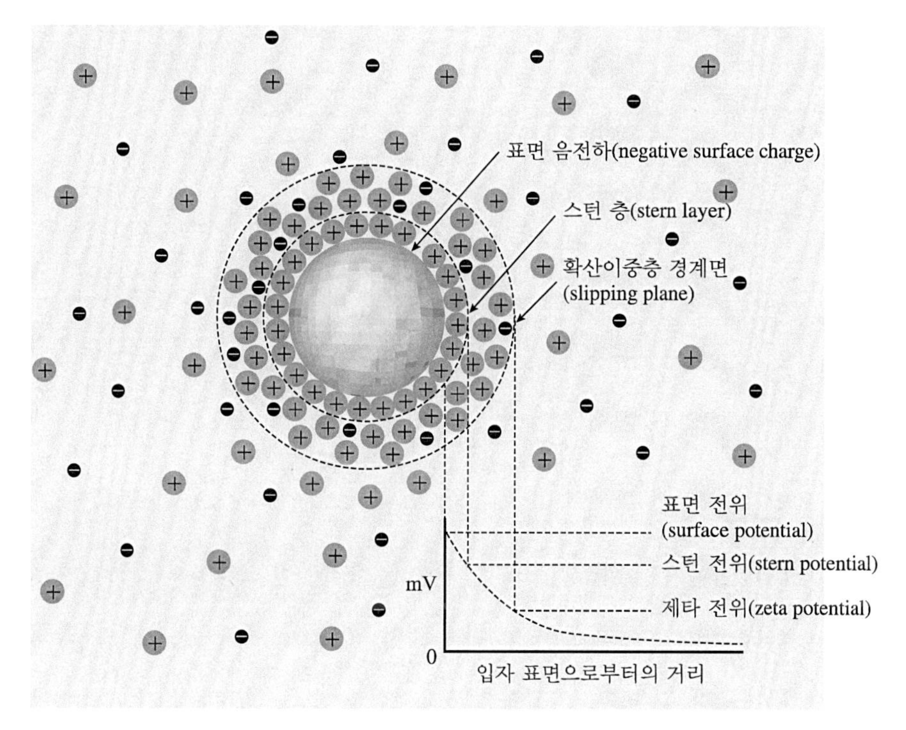

그림 3.4 확산이중층

온의 농도는 간극수(i.e. 자유수)에 존재하는 양이온의 농도와 거의 같아져서 평형에 이르게 된다.

(3) 양이온 교환용량

그림 3.5에 나타낸 바와 같이 확산이중층의 외곽에 존재하는 양이온들은 간극수 내에 존재하는 다른 양이온들과 교체되어 위치를 바꿀 수 있는데 이와 같이 확산이중층 내부의 양이온과 외부의 양이온이 서로 교체되는 현상을 양이온 교환(cation exchange)이라고 한다.

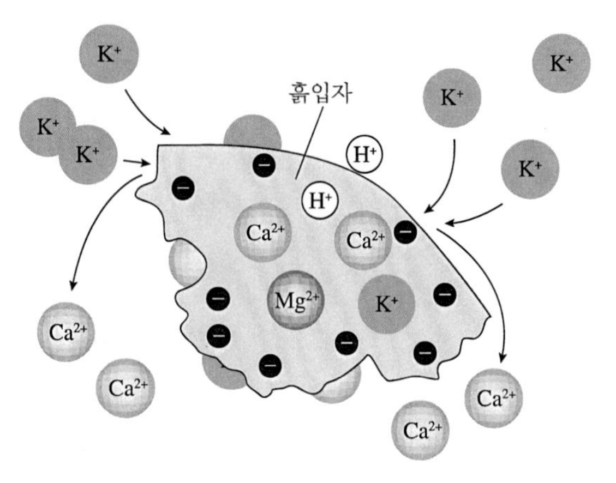

그림 3.5 양이온 교환

양이온이 교환되는 크기를 양이온 교환용량(cation exchange capacity; CEC)이라고 하며, 건조 토양 100 g이 보유하고 있는 치환성 양이온의 총량을 mg 당량으로 표시한 것으로 점토와 유기물 함량이 높은 토양은 이온 교환용량이 크다.

표 3.1 토양에 따른 CEC의 크기

토양의 크기(mm)	CEC(meg/100 g)
모래	6~8
실트	3~7
점토	22~63
유기질토	200~400

토양의 이온 교환용량은 자연정화능력, 영양분의 보유능력 및 산성비에 대한 완충능력에 영향을 미친다. 토양에는 음이온을 보유할 수

있는 능력인 음이온 교환용량(anion exchange capacity; AEC)도 있으나 양이온 교환용량에 비해 매우 작다.

(4) 토양의 완충용량

외부로부터 어떤 물질이 토양에 유입되었을 때 이들 물질에 의한 영향을 최소화할 수 있는 능력을 완충용량(buffer capacity)이라고 한다. 물의 pH는 산이나 알칼리를 가하면 쉽게 변하지만 토양의 pH는 탄산염, 인산염 및 점토의 산성 등으로 서서히 감소하거나 증가하게 되는 완충작용이 일어난다.

사질토의 완충능을 증가시키기 위해서는 점토질 토양을 객토하거나 유기물을 첨가하여 부식(humus)시키기도 한다.

3.2 토양오염

이타이이타이병이나 Love Canal 사건 등과 같이 농경지에 농약 및 중금속 성분이 축적되거나 유해 폐기물의 부적절한 처분으로 인해 토양 및 지하수가 오염되어 인간에게 위협이 되는 사례들이 발견되면서 처음으로 토양오염에 대해 관심을 갖게 되었다.

토양을 오염시키는 물질은 매우 다양하며 토양 내에서 오랜 기간 잔류하면서 분해되지 않고 지하수를 오염시키거나 농작물의 생육을 저해하게 된다. 오염물질은 물질 특성이나 토양 내에서의 거동에 따라 다른 명칭으로 불리는 경우가 많기 때문에 오염물질을 특성에 따라 구분하거나 거동 양상에 따라 분류하기도 한다.

3.2.1 오염물질의 종류

토양의 오염은 납, 수은, 카드뮴 등 중금속 오염으로부터 시작되어 산업이 발전함에 따라 유류, 농약, 다이옥신 등 새로운 오염물질이 계속 증가하고 있다. 토양을 오염시키는 주요 오염원은 다음과 같다.

(1) 무기화합물

무기화합물(inorganic compounds)은 광물질에서 발생되며 구리, 납, 카드뮴, 수은, 크롬 등과 같은 중금속과 비소와 같은 반금속을 말한다. 무기화합물은 토양 내에서 이동성이 적고 분해가 되지 않아 축적되기 쉽고, 생물에 대한 독성이 강한 것이 많다.

광공업 폐기물인 중금속(heavy metal)은 이미 오래전부터 금속 광산 및 제련소 주변 농경지 등에서 발견되는 대표적인 오염물질로 밀도가 4 g/cm^3 이상의 무거운 금속을 말한다. 반금속(metalloid)은 금속과 비금속의 중간 성질을 나타내는 원소를 말하며, 오염물질로는 비소(As), 붕소(B), 셀렌(Se) 등이 여기에 포함된다.

① 카드뮴

카드뮴(Cd)은 금속 부품의 도금 및 합금, 자동차의 윤활유 및 타이어, 살균제, 색소 및 안료, 건전지 등에 폭넓게 사용되는 금속이다. 카드뮴 중독 현상으로 폐부종, 신장 기능 장애 등이 있고 일본에서 발생한 이타이이타이병으로 유명하다.

② 수은

수은(Hg)은 주로 농약, 건전지, 염료 등에 사용되며 토양 내에서 양이온의 형태로 존재하기 때문에 흙 입자에 쉽게 흡착된다. 수은은 중추 신경계 및 신장에 장애를 주며, 중독 현상으로 수족 떨림, 보행 불능 등이 있다. 특히, 수은에 의한 미나마타병은 1960년대 일본에서 사회적으로 큰 문제가 되었다.

③ 납

납(Pb)은 금속 제련소, 배터리 처분장, 사격장, 폐기물 매립장, 페인트 등에서 토양으로 유출된다. 주로 식물체 내에 $PbCO_3$나 $Pb_3(PO_4)_2$의 형태로 존재하며 다량 섭취하면 간, 신장, 뼈 등에 축적되어 독성을 발휘하게 된다.

④ 6가 크롬

크롬(Cr)은 도금 및 피혁 공장 등에서 발생하며, 6가 크롬(Cr^{6+})의 형태로 인체에 흡수되어 폐암, 내출혈, 호흡 장애 등을 유발한다. Cr^{3+}

은 Cr^{6+}에 비해 독성이 약하기 때문에 현재 Cr^{6+}만 토양을 오염시키는 물질로 지정되어 있다.

⑤ 비소

비소(As)는 살균제, 제초제, 살충제 등 농약에 사용되며 세정제에도 다량 포함되어 있다. 독성이 매우 강하기 때문에 비소로 오염된 밭 토양에서보다 논 토양에서 피해가 더 크며, 토양에서 주로 As_2O_3의 형태로 존재한다. 중독 현상으로 피부암, 근무력증(myasthenia) 등이 있다.

⑥ 구리

여러 다양한 금속과의 합금으로 이용되는 구리(Cu)는 제련, 제조, 가공 공정 등에서 발생하며, 농약 성분에도 포함되어 있다. 다량으로 섭취하면 간경련, 혈색증, 만성 위장병, 정신 이상 등의 장애가 발생할 수 있다.

⑦ 아연

금속의 도료나 합금에 사용되는 아연(Zn)의 직접적인 오염원은 제련 공장이며 잉크, 고무, 화장품, 복사지 등의 제조에도 사용된다. 아연은 토양 내에서 $Zn(OH)^+$의 양이온 형태 혹은 $Zn(OH)^{3-}$, ZnO_2^{2-} 등의 음이온 형태로 존재하며, 점토나 유기물에 쉽게 흡착되는 성질이 있다.

(2) 유기화합물

유기화합물(organic compounds)은 탄소를 함유한 화합물을 말하며, 주로 석탄이나 석유와 같은 화석 연료로부터 얻어진 화합물이 여기에 속한다. 유기화합물을 화학적 구조에 따라 분류하면 다음과 같다.

- 방향족화합물(aromatic compounds): 벤젠(C_6H_6) 고리가 있는 화합물
- 탄화수소화합물(hydrocarbon compounds): 벤젠(C_6H_6) 고리가 없는 화합물
- 할로겐화합물(halogenated compounds): 할로겐 원소를 포함하고 있는 화합물

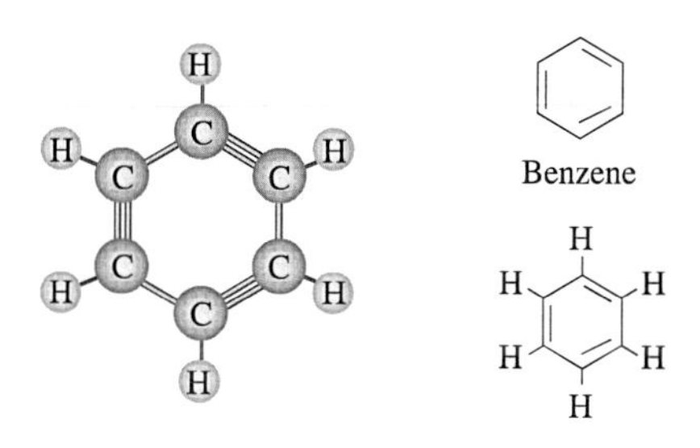

그림 3.6 벤젠의 구조

① 석유화합물

석유화합물(petroleum)은 고대 동·식물이 수백만 년에 걸쳐 퇴적되어 생성된 원유를 정제하여 여러 가지 불순물을 제거한 생산물로

탄소(C)와 수소(H)로 구성된 화합물이다. 분자량이 작은 가벼운 탄화수소는 분자량이 큰 무거운 탄화수소보다 물에 잘 녹는다.

모든 화석 연료에는 황, 질소, 금속 원소 등이 포함되어 있고, 이들 중 황은 도시 지역의 대기 오염 및 산성비의 주요 원인이 되고 있다. 저장 및 취급 과정에서 지표수, 토양 및 지하수 등을 직접 오염시키는 원인 물질이다.

석유화합물로는 휘발유, 경유, 등유, 제트유 등이 있으며 주로 산업용 연료, 수송 수단, 난방, 윤활유 등으로 사용된다. 이들 중 약 65%는 자동차 휘발유로 소모되어 환경 오염을 유발시킨다.

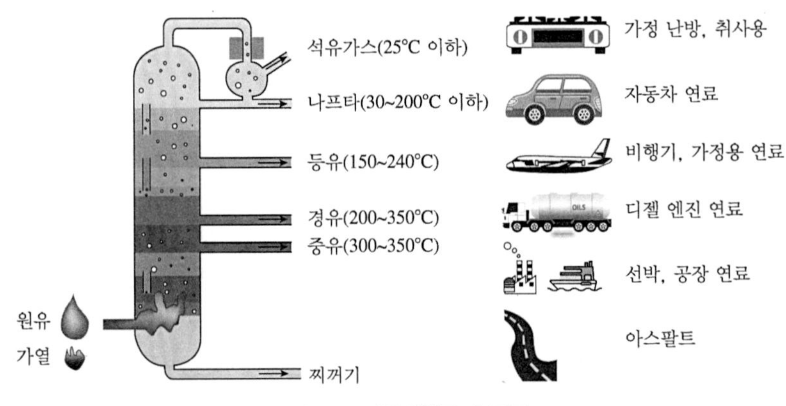

그림 3.7 석유화합물의 종류

휘발유(gasoline)에는 석유계 탄화수소 이외에 알코올(alcohol)이나 에테르(ether)와 같은 비석유계 탄화수소가 포함되어 있다. 휘발유는 중유보다 분자량이 가벼워서 점성(viscosity)이 작고 휘발성이 높고 물에 잘 용해되기 때문에 토양 내 불포화 지역에서 휘발되거나 포화 지역에서 지하수의 흐름에 따라 쉽게 이동하여 확산된다.

유류(oil)에 의한 토양의 오염은 주로 노후 저장시설에서 누출되어 발생한다. 유류 성분을 크게 두 가지로 분류하면 BTEX와 TPH로 구분할 수 있다. BTEX는 주로 휘발유에 포함되어 있는 성분이며, TPH는 휘발유를 제외한 경유, 등유, 제트유 등에 포함되어 있다.

② BTEX

벤젠 고리가 하나 있는 BTEX와 페놀(phenol)은 대표적인 휘발성 방향족 탄화수소로 원유나 석유 제품에 함유되어 있다. 특히 휘발유에는 고농도의 BTEX와 같은 탄화수소가 함유되어 있는데, 물에 대한 용해도가 높고 유독한 성분으로 알려져 있다. BTEX에 의한 토양 오염은 주로 제련소, 이송 라인, 지하저장탱크 등으로부터 유출되어 발생된다.

BTEX는 토양 내에서 생분해성 및 휘발성이 높고 물에 대한 용해도가 높기 때문에 누출 초기에는 검출이 가능하지만 시간이 경과할수록 검출되지 않는 특성이 있다. 피부에 접촉하면 지방질을 통해 체내에 흡수되며, 중독성이 강하며 뇌와 신경계에 해를 끼치는 독성 물질이다.

BTEX(benzene, toluene, ethylbenzene, xylene)의 구조 및 성질은

다음과 같다.

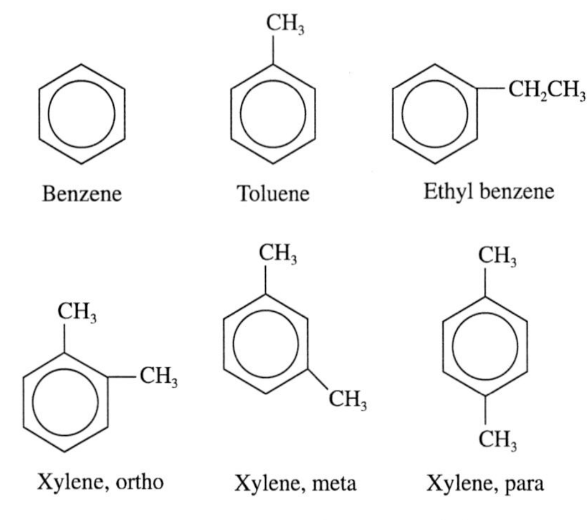

그림 3.8 BTEX의 구조 및 성질

• 벤젠(benzene, C_6H_6)

벤젠을 비롯해서 벤젠 고리를 포함하는 화합물을 방향족화합물이라 하며, 벤젠은 가장 간단한 방향족 탄화수소로 타르를 분별해서 증류하거나 석유로부터 발생된다.

염료, 합성수지, 접착제, 의약품, 농약, 방부제, 향료 등과 같은 공업용 원료에 포함되어 있으며 휘발유 첨가제로 사용된다. 벤젠에 노출되면 중추 신경계의 활동이 저하되고, 장기간 노출되면 발암률이 증가하는 독성 화학물질이다.

• 톨루엔(toluene, C_7H_8)

벤젠과 유사하며 공업용 원료에 포함되어 있다. 톨루엔을 흡입하면 중추 신경계의 기능 저하, 발암률 증가, 기형을 유발한다.

• 에틸벤젠(ethylbenzene, C_8H_{10})

각종 유기용제 및 휘발유 첨가제로 사용된다. 톨루엔에 노출되면 중추신경계의 기능 저하를 유발한다.

• 크실렌(xylene, C_8H_{10})

인쇄, 고무, 가죽 산업에서 용매로 사용되며 휘발유 첨가제로 사용된다. 크실렌에 노출되면 중추 신경계의 기능 저하를 유발한다.

③ 다환방향족 탄화수소

다환방향족 탄화수소(polycyclic aromatic hydrocarbons; PAHs)는 석탄이나 석유와 같은 화석 연료의 성분으로 등유, 경유, 윤활유 등에

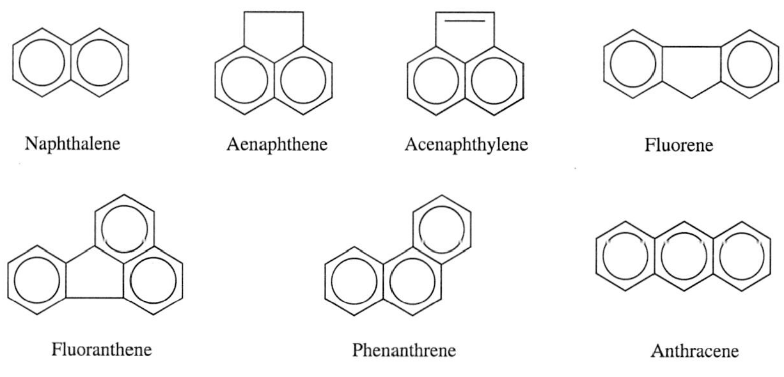

그림 3.9 다환방향족 탄화수소의 구조 및 성질

다량 함유되어 있는 발암성 물질이다. 벤젠 고리 두 개로 연결된 나프탈렌(naphthalene)과 다섯 개로 연결된 벤조피렌(benzopyrene)은 대표적인 PAHs이며, 벤젠 고리가 넷 이상이면 발암성이 매우 크다.

자동차의 배기가스나 담배연기와 같이 유기물이 불완전 연소될 때 발생하기 때문에 도시 지역의 대기 중에 농도가 높다. PAHs는 용해도가 낮아서 생분해가 어렵고, 토양 입자와 강력히 결합되어 오염토양의 처리 및 복원을 어렵게 한다.

④ PCB

벤젠에 페닐기(phenyl group)가 연결된 것을 바이페닐(biphenyl)이라 하며, 여기에 다시 염소(chlorine)가 결합되어 있으면 이를 폴리염화바이페닐(polychlorinated biphenyls; PCB)이라 한다.

PCB는 전기 절연성이 뛰어나서 콘덴서, 변압기 등 전기 제품에 많이 사용되고 있으며, 생물체 내에 농축되어 독성을 띠게 된다. 유기화합물 중 자연에서 가장 분해가 어려워서 장기적인 토양 오염물질로 알려져 있다.

⑤ 지방족 탄화수소

지방족 탄화수소(aliphatic hydrocarbons)는 고리 구조가 아닌 탄화수소로서 H와 C 결합의 배열로 구성되어 있으며, 적게는 하나에서

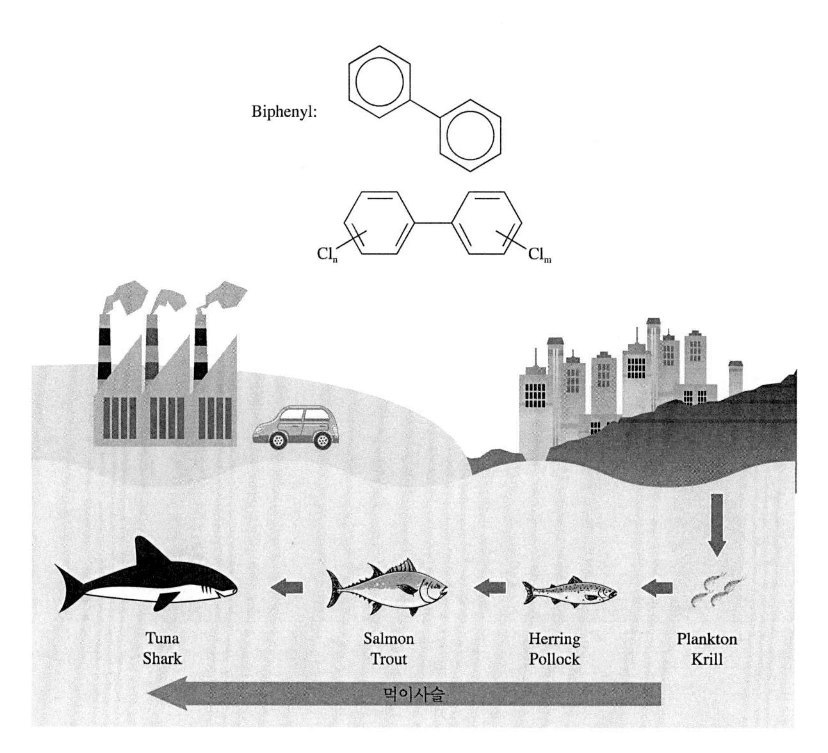

그림 3.10 PCB의 구조 및 생물 축적

수백, 수천 개에 이르는 탄소 체인들로 결합되어 있다. 가장 단순한 탄화수소는 메탄(methane, CH_4), 에탄(ethane, CH_3CH_3, C_2H_6), 프로판(propane, C_3H_8, $CH_3CH_2CH_3$) 등이다.

⑥ 석유계 총탄화수소

유류로 오염된 토양의 오염도를 오염물질 하나씩 개별적으로 분석하는 것이 의미가 없기 때문에 총 석유계 탄화수소로 측정하고 있다. 석유계 총탄화수소(total petroleum hydrocarbon; TPH)는 비등점이 높은 등유, 경유, 제트유, 벙커C유, 윤활유 등으로 오염된 토양의 오염도를 나타낸다.

⑦ 할로겐화합물

방향족화합물과 탄화수소화합물 중 불소(fluorine, F), 염소(chlorine, Cl), 브롬(bromine, Br), 요오드(iodine, I) 등 한 개 이상의 할로겐 원소를 포함하고 있는 화합물을 말하며, 유기화합물로 오염된 토양에서 가장 많이 발견되는 오염물질로 생분해가 어려워서 가장 피해가 심각한 물질이다.

할로겐화합물은 공업용 용제, 농약, 살충제 등에서 발견되며 다음과 같다.

- 탄화수소 화합물계 할로겐화합물:
  메틸렌 클로라이드(methylene chloride), 클로로포름(chloroform), 사염화탄소(carbon tetrachloride), 트리클로로에틸렌(trichloroethylene; TCE), 염화비닐(vinyl chloride), 알드린(aldrin), 디엘드린(dieldrin) 등
- 방향족 화합물계 할로겐화합물:
  DDT(dichloro diphenyl trichloroethane) 및 다양한 PCB 화합물 등

⑧ 유기용제

트리클로로에틸렌(trichloroethylene; TCE)은 무색의 투명한 액체로 물보다 무겁고 공기 중에서 쉽게 휘발된다. TCE는 유기물을 녹이는 성질이 있기 때문에 금속 및 기계 제조업, 반도체 공장 등에서 사용되며, 가죽에서 기름 성분을 제거하는 데 사용되거나 염료, 도료 등을 제조하기 위한 용매로 사용된다.

테트라클로로에틸렌(tetrachloroethylene; PCE)은 염소를 포함한 유기화합물로 휘발성이 크고 알코올이나 벤젠 등에 쉽게 녹으며 불도 잘 붙는 성질이 있다. PCE는 탈지력이 우수하기 때문에 정밀기기, 기계 부품의 기름을 제거할 때 사용되며, 세탁소에서는 드라이클리닝 용매로도 사용된다.

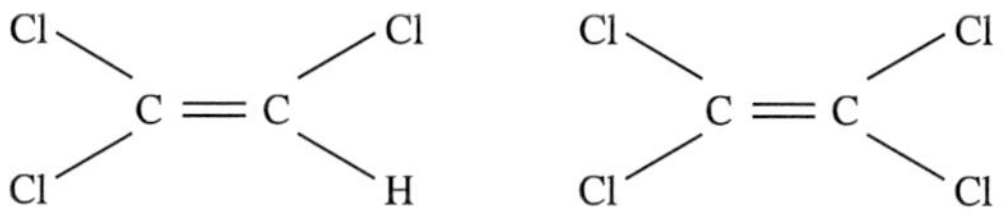

Cl Cl C = C Cl H

Cl Cl C = C Cl Cl

(a) TCE (b) PCE

그림 3.11 TCE, PCE의 구조

특히 PCE는 물보다 무겁기 때문에 지하로 수직 이동하여 지하수를 오염시키며 자연 상태에서 잘 분해되지 않기 때문에 지하수에 오래 잔류하게 된다. 최근에 반환된 부천시 미군기지 주변 지하수를 조사한 결과, TCE와 PCE의 농도가 국내 먹는 물 기준을 초과한 것으로 조사되어 지하수를 폐쇄하였다.

TCE와 PCE는 공기를 통해 인체에 흡수되거나, 물이나 음식의 섭취를 통해 체내로 유입되며, 피부 접촉을 통해서는 거의 흡수되지 않는다. 체내로 들어온 TCE와 PCE는 호흡이나 소변으로 대부분 배출되고 나머지는 체내의 지방에 누적된다. TCE와 PCE에 높은 농도로 노출되면 간이나 신장에 유해한 영향을 줄 수 있고, 낮은 농도로 장기간 노출되면 신경계에 장애를 일으킬 수 있다.

⑨ 비수용성 액체

비수용성 액체(non-aqueous phase liquids; NAPLs)는 물에 녹지 않는 액체 상태를 말하며, NAPLs의 물리·화학적 특성의 차이로 인해 공기나 물과 접촉하여 혼합되지 않는 탄화수소화합물을 말한다.

비중이 물보다 작아서 물에 뜨는 액체를 저밀도 비수용성 액체(light non-aqueous phase liquids; LNAPLs)라 하며 가솔린, 등유, 연료유, 제트유, 톨루엔, 크실렌 등이 LNAPLs에 해당된다. 땅속으로 유입된 LNAPLs은 지하수층에 도달하면 지하수의 상층부에 축적되며 지하수의 흐름에 의해 광범위한 지역으로 확산된다.

비중이 물보다 커서 물에 가라앉는 액체를 고밀도 비수용성 액체(dense non-aqueous phase liquids; DNAPLs)라 하며 TCE, PCE, PCBs, 클로로페놀(chlorophenols) 등이 DNAPLs에 해당된다. 땅 속

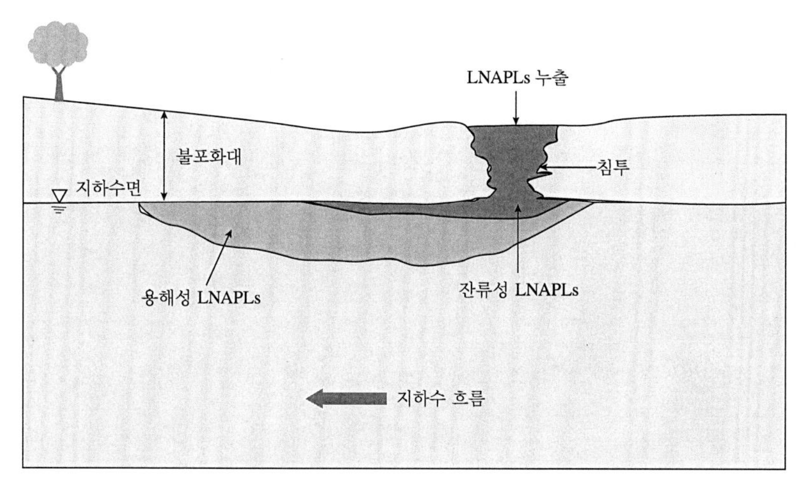

그림 3.12 **지중에서 LNAPLs의 거동**

으로 유입된 DNAPLs은 지하수층에 도달하면 가라앉게 되고 지하수층 바닥에 쌓이게 된다.

NAPLs은 유류 누출사고, 송유관, 지하저장시설, 매립장 등으로부터

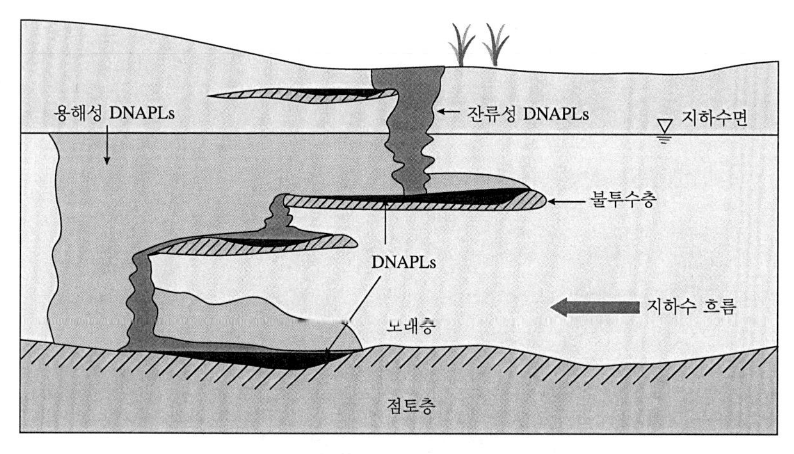

그림 3.13 **지중에서 DNAPLs의 거동**

지하로 유입되며 자연 상태에서 물과 분리된 유체의 형태로 존재한다. 땅속으로 침투하여 지하수면 상에 존재하며 이동하는 LNAPLs보다 지하수면을 통해 땅속 깊이 가라앉는 DNAPLs을 정화하는 것이 기술적으로나 경제적으로 훨씬 더 제약이 많다.

⑩ 휘발성 유기화합물

휘발성 유기화합물(volatile organic compounds; VOCs)은 증기압이 높아서 대기 중에서 쉽게 휘발되는 유기 탄소화합물을 말하며, 휘발성 유기화합물 이외에 준휘발성 유기화합물(semivolatile organic compounds; SVOCs), 비휘발성 유기화합물(nonvolatile organic compounds; NVOCs)이 있다.

원유, 천연가스 등 화석 연료에 다량 포함되어 있으므로 연료로부터 직접 발생되거나 연료가 연소되는 과정에서 발생된다. 즉, 자동차, 기차, 비행기, 선박 등의 배기가스에 다량 포함되어 있다. 또한 석유제품, 페인트, 접착제, 드라이클리닝제 등을 제조하는 과정에서 발생되어 산업폐수와 함께 배출된다.

대표적인 휘발성 유기화합물로는 벤젠, 톨루엔, 크실렌, 에틸렌, TCE, PCE, 아세트알데히드(acetaldehyde), 포름알데히드(formaldehyde), 다이옥신(dioxin) 등이 있다. 호흡이나 피부 접촉을 통해 신경계에 장애를 일으키는 발암 물질이며, 대기를 오염시키는 물질로 오존층을 파괴하고 지구 온난화에 영향을 미치는 것으로 알려져 있다.

일반적으로 휘발성 유기화합물은 자동차 등에서 30~40%, 용제를 사용하는 도장 시설 등에서 30~40%, 주유소 등에서 10~20%, 세탁소 등에서 10~20% 정도 배출된다.

⑪ 다이옥신

다이옥신(dioxine)은 무색, 무취의 맹독성 화학 물질로 염소(Cl)가 들어있는 플라스틱류 화합물을 태울 때 발생되므로 폐기물을 소각하거나 제철·제강 공정에서 불완전 연소에 의해 생성되며, 농약에 함유된 부산물을 통해 환경으로 배출되기도 한다.

쓰레기 소각장에서 발생된 다이옥신이 대기 중에 떠돌다가 비와 함께 땅에 떨어지면 토양이 오염되고, 오염된 토양에서 자란 풀을 먹고 자란 가축 및 오염토양에서 자란 채소를 섭취함으로써 인간의 몸 안으로 들어오게 된다.

화학적으로 안정되어 있어서 자연적으로 소멸되지 않으며, 대부분 음식물을 통해 인간이 섭취하게 되며 호흡을 통한 섭취는 2~3% 정도이다. 물에 잘 녹지 않아서 사람이나 동물의 지방 조직에 축적되며, 소량을 섭취해도 치명적인 발암 물질이다.

베트남 전쟁 당시 미군이 사용한 고엽제의 주요 성분으로 기형아

출산의 원인으로 확인되면서 1992년 세계보건기구(WHO)에 의해 유전 가능한 1급 발암 물질 및 세계야생보호기금(WWF)에 의해 환경 호르몬으로 규정되었다.

(3) 기타

병원성 세균이 지하수에 존재하면 지하수의 이용이 제한되기 때문에 넓은 의미에서 오염물질로 간주한다.

비료에 함유되어 있는 질산성 질소에 의한 오염은 경작지나 골프장에서 사용하는 비료, 그 밖에 축산 폐수, 생활 폐수, 공장 폐수 등이 원인이다. 비료 오염(manure pollution)은 경작지에 비료를 거름으로 사용할 때 중금속 등이 비가역적으로 축적되어 토양이 오염되는 것을 말한다.

3.2.2 토양 및 지하수 오염

(1) 토양오염의 특징

토양의 완충 능력은 오염물질의 이동 및 확산을 저해하기 때문에 토양오염으로 인한 피해가 나타나기까지 오랜 시간이 소요되는 특징이 있다. 따라서 대부분의 토양오염은 대기오염이나 수질오염과 달리 눈에 보이거나 느낄 수 없기 때문에 그동안 사람들의 인식도 낮았고, 정화처리에도 어려움이 있었다.

토양오염의 특징을 요약하면 다음과 같다.

• 토양은 다양한 경로로 오염된다.

토양오염은 폐기물 매립지, 유해물질 저장시설 등에서 침출수(leachate)가 누출되어 토양이 직접 오염되는 경우와 산업시설에서 배출되는 오염물질이 공기나 물을 통해 토양에 간접 유입되어 오염된다.

• 토양오염에 의한 피해는 완만하게 발생된다.

토양 중 특히 점토나 실트에 오염물질이 축적되는 완충 능력 때문에 토양의 오염을 즉시 인지하기 어렵고, 토양을 통한 오염물질의 이동이 매우 느리기 때문에 이미 수십 년 전에 시작된 오염이 존재할 가능성이 있다.

• 토양오염이 주변 환경에 미치는 영향은 국지적으로 나타난다.

수질오염과 대기오염은 단기간에 넓은 지역으로 확산되는 반면 토양오염은 매체의 특성상 장기간에 걸쳐 국지적으로 나타난다.

• 토양오염은 인지하기 어렵고, 주변 환경과의 연관성이 모호하다.

수질 및 대기오염과 달리 토양오염은 시각적 혹은 후각적으로 오염 정도를 인지하기 어렵고, 오염원과 주변 환경과의 상호 작용이 복잡하여 오염물질의 유·출입 등 정량적 관계를 분석하기 어렵다.

• 오염된 토양은 완전한 복구가 불가하다.

수질 및 대기오염은 자연 현상에 의해서도 치유될 뿐만 아니라 유해물질의 배출 시설을 개선하면 비교적 단기간 내에 원상복구가 가능하지만, 토양오염은 일단 오염되면 반영구적으로 오염이 지속되며 유해물질의 배출 시설을 처리해도 오염 상태가 장기간 지속된다.

• 토양오염에는 소유권 및 비용 문제가 발생된다.

수질 및 대기오염과 달리 토양오염은 소유권 관련 조사 및 처리 등 오염 상태를 직접 확인하기 어려운 경우도 있고, 오염토양을 복원하는 데 많은 시간과 비용이 소요된다.

(2) 지하수 오염의 특징

지하수란 지표 하부의 지층이나 암석 사이의 빈틈을 채우고 있거나 흐르고 있는 물로, 토양 내에 지하수가 존재할 수도 있고, 토양층 아래에 있는 암반층에만 지하수가 존재할 수도 있다.

불포화 지층에서는 중력의 영향이 상대적으로 크기 때문에 물의 수직적 흐름이 수평적 흐름보다 우세하며, 포화도와 함수비에 따라 투수성이 변화하게 된다. 반면 포화 지층에서는 지하수의 압력이 물의 흐름에 작용하기 때문에 수평적 흐름이 우세한 특징을 나타낸다.

지하수오염은 지하수의 흐름방향이나 속도 등을 정확히 파악하기 어렵고, 오염 경로도 다양하기 때문에 오염 실태를 분석하는 데 상당한 시일이 소요되며, 오염 실태가 파악되어도 오염원을 완전히 제거하기 어렵다.

3.2.3 토양오염의 원인

토양오염의 원인은 채광 활동 등으로 광물질의 노출 및 중금속의 배출, 비료와 농약의 사용, 유해폐기물의 유입, 대기 오염물질의 낙하, 방사성 물질, 산업 폐수 등 매우 다양하다. 토양오염을 유발할 수 있는 시설로는 휴·폐광산, 유해 화학물질 저장시설, 산업시설, 유류 저장시설, 폐기물 매립지 등이 있다.

(1) 휴 · 폐광산

광산은 크게 금속, 비금속, 및 석탄 광산으로 분류하며, 1980년대 중반 이후 광업 활동의 감소로 인해 휴광산 및 폐광산이 급증하게 되었다. 운영 중인 가행 광산은 법규 및 민원 등을 고려하여 관리가 이루어지지만, 휴·폐광산은 환경복원 시설이 설치되지 않은 채로 방치되어 환경 문제를 유발시키게 된다.

갱내수(mine water)는 폐광 이후에도 수십 년 동안 지속적으로 발생하는데 산성광산배수(acid mine drainage; AMD)에는 유해한 중금속이 다량 포함되어 있고, 암석의 파·분쇄로 인해 발생된 폐석(mine waste rock)과 광미(tailing wastes)에는 다량의 비소 및 중금속이 포함되어 있기 때문에 돌가루나 광물 찌꺼기가 하천, 농경지 등으로 유입되어 환경 오염을 유발하거나 폐석장에서 유출되는 침출수(leachate)로 심각한 환경 문제가 발생하게 된다.

(2) 폐기물 매립지

과거에 건설된 거의 대부분의 폐기물 매립지는 난지도 쓰레기 매립지와 같은 단순 투기에 의한 비위생 매립지였기 때문에 현재 주요 토양 오염원이 되고 있다. 사용 종료된 폐기물 매립지 중 비위생 매립지가 전체의 80% 이상을 차지하고 있고, 이들 대부분이 침출수의 유출을 차단하기 위한 차수 시설 및 침출수의 처리를 위한 집·배수 시설이 없기 때문에 쓰레기 매립지 주변 토양 및 지하수가 오염되고 있는 것으로 추정된다.

비위생 매립지에서 유출되는 침출수는 벤젠, 톨루엔, 메틸렌클로라이드, TCE 등 휘발성 유기화합물을 다량 함유하고 있다. 도시의 확장으로 인해 과거 폐기물 매립지였던 지역에 주거 단지를 건설하게 되면서 폐기물의 불량 매립에 의한 토양오염이 전국적으로 발생되고 있다.

(3) 유류 저장시설

주유소, 원유 저장탱크, 정유 공장, 송유관 시설 등 다양한 종류의 유류 저장 시설이 있으며, 이들 지하저장탱크(underground storage tank; UST)로부터 누출되는 유류오염도 주요 토양 오염원이 되고 있다.

유류의 누출은 주로 저장탱크의 부식에 의해 발생되며 저장 시설의 설치 과정에서 발생되기도 한다. 지하저장시설에서 유류가 누출되면 유류에 포함되어 있는 BTEX에 의해 토양·지하수의 오염이 발생되는데 물보다 비중이 가벼운 방향족 탄화수소는 지하수면에 기름층을 형성하게 된다.

(4) 산업 시설

산업 시설이 존재하는 지역은 거의 대부분 토양오염이 발생할 가능성이 높은 것으로 보고되고 있다. 이 중 제련소, 도금업체, 발전소 등은 다수의 토양오염 사례가 보고되고 있는 시설들이다.

(5) 군부대 주둔 지역

과거 군부대 주둔 지역은 사격장, 유류 저장소 등 폭발물로 인한 각종 화학 물질의 토양 내 축적으로 토양오염의 가능성이 높은 것으로 알려져 있다.

(6) 농경지

농약의 살포로 인해 토양 및 지하수가 오염되며, 난분해성 농약의 경우 토양에 오랜 기간 잔류하면서 먹이사슬에 의해 농축되어 인간에게 해를 주게 된다.

농약에는 제초제, 살충제, 살균제 등이 있으며, 현재는 사용되지 않지만 과거에 살포되었던 맹독성 농약(DDT, BHC, 엘드린, 파라치온, 악티온, 펜티온, 2,4-D, 2,4,5-T 등)이 아직도 토양에 잔류하면서 생물농축이 진행되고 있다.

(7) 기타

그 밖에도 유해 화학물질의 유출사고, 하수관로에서 하수의 누수, 불량투기, 사고 및 화재, 다양한 경로의 비점오염원(nonpoint source of contaminants; NPSCs), 폐기물의 방치 등으로 토양 및 지하수가 오염되고 있다.

3.3 토양에서 오염물질의 거동

포화 대수층 내에 존재하는 오염물질은 지하수의 흐름으로 인해 발생된 이류, 농도의 차이로 발생된 확산 및 유속의 불균일성으로 발생된

분산 등에 의해 이동하게 된다. 그 과정에서 토양에 흡착 및 탈착되거나 이온 교환, 미생물 등에 의한 분해, 기체 및 액체의 계면에서 발생되는 휘발 및 용해 등 여러 다양한 물질에 대해 고유의 반응이 수반된다.

3.3.1 오염물질의 이동

지하수가 땅속에서 흘러가면서 오염물질을 나르는 것을 이류라고 하며, 지하수에 존재하는 이온성 오염물질이 농도가 높은 지역에서 낮은 지역으로 이동하게 되는 현상을 확산이라고 한다. 그리고 이런 용질들은 다공질 기질을 통해 이동하면서 분산에 의해 희석되어 그 농도가 낮아진다.

(1) 이류

이류(advection)는 오염물질이 토양 내에서 지하수의 흐름과 함께 이동하게 되는 현상을 말한다. 공항을 토양으로, 자동 보도(moving walk)를 지하수로, 여행객을 오염물질로 비유해서 설명하면, 비행기에서 내린 여행객들이 공항에 설치되어 있는 자동 보도 위에 서있는 경우 여행객들은 자동 보도가 향하고 있는 출구 방향으로 자동 보도가 움직이는 속도로 이동하게 되는 현상과 유사하다고 볼 수 있다. 즉, 토양 내에서 지하수의 흐름에 의해 오염물질이 이동하는 현상으로 지하수가 흘러가는 방향과 속도로 오염물질도 이동하게 된다.

단위 면적당, 단위 시간당 이류에 의해 이동되는 오염물질의 질량은 다음과 같이 표현된다.

$$F = n_e V C \quad (2)$$

여기서, F = 이류에 의해 이동된 오염물질의 양

n_e = 유효 간극률

V = 지하수의 유속

C = 물질 농도

(2) 확산

확산(diffusion)은 오염물질이 농도가 높은 지역에서 농도가 낮은 지역으로 이동하게 되는 현상을 말한다. 공항을 토양으로, 자동 보도(moving walk)를 지하수로, 여행객을 오염물질로 비유해서 설명하면, 공항에 도착한 비행기의 문이 열리자마자 여행객들은 공항으로 연결된 통로로 이동하기 시작하고 만약 연결 통로에 있는 자동 보도가 정지해 있더라도 여행객들은 각기 다른 속도로 걸어서 출구를 향해 이동하게 되는 현상과 유사하다고 볼 수 있다. 즉, 인구 밀도가 높은 비행기에서 상대적으로 인구 밀도가 낮은 출구 방향으로 여행객들이 이동하듯이, 토양 내에서 오염물질이 지하수의 흐름과 관계없이 고농도 지역에서 저농도 지역으로 이동하게 되는 현상을 말한다.

확산에 의해 이동된 오염물질의 질량은 다음과 같이 나타낼 수 있다.

$$F = -n_e D_e \frac{\partial c}{\partial z} \qquad (3)$$

여기서, F = 확산에 의해 이동된 오염물질의 양

n_e = 유효 간극률

D_e = 유효 확산계수

$\partial c/\partial z$ = 농도 구배(거리에 대한 농도의 변화)

(3) 이류 · 확산

이류 · 확산이동(advective-diffusive transport)은 확산에 의한 이동 방향이 이류에 의한 이동 방향과 일치하는 경우를 말하며, 이동 시간은 감소하고 오염물질의 양은 증가하게 된다. 공항을 토양으로, 자동 보도(moving walk)를 지하수로, 여행객을 오염물질로 비유해서 설명하면, 여행객들이 공항에 설치되어 있는 자동 보도 위에서 각기 다른 속도로 출구를 향해 걸어가고 있는 현상과 유사하다고 볼 수 있다. 즉, 집에 빨리 가고자 하는 여행객들이 자동 보도 위에서 걸어서 이동하듯이, 지하수에 도달한 오염물질이 지하수가 흘러가는 방향으로 지하수의 흐름 속도로 이동할 뿐만 아니라 농도의 차이로 그 이동 속도가 빨라지는 현상을 말한다.

이류 · 확산에 의해 이동된 오염물질의 질량은 다음과 같이 나타낼 수 있다.

$$F = n_e VC - n_e D_e \frac{\partial c}{\partial z} \qquad (4)$$

여기서, F = 이류-확산에 의해 이동된 오염물질의 양

n_e = 유효 간극률

V = 지하수의 유속

C = 물질 농도

D_e = 유효 확산계수

∂_c/∂_z = 농도 구배(거리에 대한 농도의 변화)

(4) 분산

분산(mechanical dispersion)은 지하수에서 흐름의 국소적인 변화에 의해 혼합되는 현상을 말한다. 공항을 토양으로, 자동 보도(moving walk)를 지하수로, 여행객을 오염물질로 비유해서 설명하면, 공항에 도착한 여행객들이 출국 게이트 방향으로 이동하면서 면세 구역 내에서 쇼핑을 위해 각자 보고 싶은 곳으로 방향성 없이 각기 다른 속도로 퍼져나가는 현상과 유사하다고 볼 수 있다. 즉, 토양 내에서 오염물질이 지하수의 영향보다 주변 환경의 영향으로 희석되는 현상을 말한다. 굴뚝에서 방출된 연기가 방향성 없이 흩날리는 현상과도 유사하다고 할 수 있다.

분산에 의해 이동된 오염물질의 질량은 다음과 같이 나타낼 수 있다.

$$F = n_e VC - n_e D \frac{\partial c}{\partial z} \qquad (5)$$

여기서, F = 분산에 의해 이동된 오염물질의 양

n_e = 유효 간극률

V = 지하수의 유속

C = 물질 농도

D = 동수 분산계수

$\partial c / \partial z$ = 농도 구배(거리에 대한 농도의 변화)

3.3.2 토양과 오염물질의 상호 반응

토양 내에서 오염물질과 토양 요소 간에 일어나는 물리·화학적 및 생물학적 상호 반응의 결과로 오염물질은 축적되거나 이동하게 된다. 토양에 유입되는 각종 오염물질은 여과, 흡착, 불용화, 용해, 해리, 분해 및 완충 작용 등 토양의 자체 정화 메커니즘을 통하여 오염을 방지하거나 오염도를 낮추는 능력을 가지고 있다.

• 여과

고체 성분을 포함한 액체가 다공성(porous) 매질을 통과하면서 고체는 매질에 남게 되고, 액체는 투과되어 분리되는 현상을 여과(filtration)라 하며, 토양으로 유입된 오염물질은 다양한 크기의 흙 입자들 사이의 간극을 통과하면서 물리적으로 걸러지게 된다.

• 흡착

오염물질이 토양 입자들 사이를 통과하면서 점토 입자의 표면에 발달된 정전기에 의해 전기·화학적으로 결합되는 현상을 흡착(adsorption)이라 한다. 흡착 현상으로는 물리적 흡착, 화학적 흡착, 양이온 교환, 수소 결합, 소수성 흡착, 리간드 결합 등이 있다.

• 불용화

토양 내에서 용해성 오염물질이 상호간 화학 결합을 통해 불용성 침전물(precipitation)을 형성하는 것을 불용화(insolubilisation)라고 말한다.

• 용해

불용화의 반대 개념으로 용질이 용매와 고르게 섞이는 현상을 용해(dissolution)라 하며, 고형의 오염물질이 토양 내 수분에 의하여 녹는 현상을 말한다. 예를 들어, 물에 설탕을 넣고 섞으면 설탕 분자는 물 분자와 혼합된다.

극성이 큰 물을 용매로 사용하면 극성이 큰 용질이 용해되기 쉽고, 극성이 작은 벤젠을 용매로 사용하면 나프탈렌과 같이 극성이 작은 용질이 용해되기 쉽다.

• 해리

오염물질이 토양 내 수분에 의하여 녹아서 이온화되는 현상을 해리

(dissociation)라고 한다. 예를 들어, 염산(HCl)이 물에 녹아서 이온화가 되면 H^+와 Cl^-가 생성된다. 해리된 수소 이온과 염소 이온이 다시 결합하여 HCl이 되기도 한다.

• 분해

토양 내 오염물질이 미생물의 활동 등에 의하여 무해한 물질로 분리되는 현상을 분해(decomposition)라고 한다. 예를 들어, 과산화수소는 공기 중에서 물과 산소로 분해되며, 물을 전기분해하면 산소와 수소로 분해된다.

• 완충 작용

토양의 물리·화학적, 생물학적 특성에 의해 외부로부터 유입되는 오염물질에 의한 급진적인 변화를 억제하는 능력을 토양의 완충 작용(buffering)이라 한다. 토양 내 점토, 유기물, 탄산염, 인산염 등이 흡·탈착을 통해 토양 용액의 농도 변화에 저항하는 작용을 말한다. 산, 알칼리에 의한 토양의 pH 변화를 억제하는 능력도 완충 작용에 해당된다.

3.3.3 토양·지하수의 오염 메커니즘

토양·지하수의 오염은 오염물질의 특성, 토양의 종류, 지하수위, 투수성 및 통기성 등에 따라 오염 메커니즘도 다르다.

땅속으로 유입된 오염물질은 비중, 점성, 용해도 등에 의해 토양에 흡착되거나 흙 입자 사이의 간극에 존재하면서 지하수의 유동이나 흐름에 의해 이동·확산하게 된다. 휘발성 오염물질은 기화되어 간극이나 지하 공동(underground cavity)에 오염기체로 존재하게 된다.

일반적으로 용해도가 낮고 비중이 큰 무기화합물은 이동성이 떨어지기 때문에 일정한 범위 내에 잔류하게 되지만, 상대적으로 용해도가 높은 유기화합물은 지하수의 흐름에 의해 쉽게 오염이 이동·확산되는 경향을 나타낸다. 이동성 오염물질이 확산되면서 일부는 토양 내에 잔류하게 되므로 지속적인 지하수 오염의 원인이 된다.

유류, 톨루엔, 크실렌 등 물보다 가벼운 LNAPLs이 지하수면에 도달하면 오염운(plume)의 형태로 부유되어 이동하게 되며, 일부는 물에 용해되어 용존 오염운의 형태로 지하수의 흐름에 의해 이동하게 된다.

반면 TCE, PCE, PCBs 등 물보다 무거운 DNAPLs이 지하수면에 도달하면 지하수면 아래로 가라앉게 되고 불투수층에 도달해서 오염운을 형성하게 되며, 일부는 지하수면 아래로 가라앉으면서 물에 용해되어 용존 오염운의 형태로 지하수의 흐름에 의해 이동하게 된다.

MEMO

MEMO

MEMO

MEMO

Chapter 4

오염토양 정화기술

오염된 토양 및 지하수를 복원하기 위하여 1980년대부터 여러 다양한 정화기술(remediation technology)이 개발되어 왔고 현재 산업 시설, 주유소, 군사 시설, 폐기물 매립지 등 주변 토양·지하수가 오염된 지역에 광범위하게 적용되고 있다. 이들 정화기술은 처리 위치에 따라 지중 처리 및 지상 처리로 분류되며, 지상 처리는 다시 부지 내 처리 및 부지 외 처리로 구분된다.

지중(in-situ) 처리는 오염토양을 굴착하지 않고 오염지역에 직접 처리 시설을 설치하여 오염물질을 제거하는 기술이며, 지상(ex-situ) 처리는 오염토양을 굴착하여 지상에서 오염물질을 제거하는 기술을 말한다.

부지 내(on-site) 처리는 오염토양을 굴착하여 오염지역 현장에서 처리하는 기술이며, 부지 외(off-site) 처리는 오염토양을 굴착하여 처리 가능한 시설이 있는 지역으로 이동하여 처리하는 기술을 말한다.

4.1 지중 처리

오염토양을 굴착 및 이동하지 않고 땅속 오염지층까지 처리용 장비를 관입하여 오염물질을 제거하는 기술로 지상 처리에 비해 경제적으로 유리하지만, 복잡하고 불확실한 지중 환경으로 인해 오히려 오염물질을 확산시킬 수도 있기 때문에 처리 전 철저한 지반 조사 및 처리 중 지속적인 관찰이 필요하다.

4.1.1 토양증기추출

토양증기추출(soil vapour extraction; SVE)은 유류, BTEX 등 휘발성 및 준휘발성 오염물질로 오염된 불포화 대수층을 정화하기 위한 기술이며 보통 주유소, 산업기지, 공항, 군사기지 등에 적용된다.

SVE는 이미 구조물이 존재하기 때문에 토양 굴착이 불가능한 경우, 오염 농도는 낮고 오염토양의 부피가 너무 많은 경우, 생물학적 정화 효율을 높이기 위한 경우 등에 활용되며, 다른 정화기술과 복합적으로 사용할 수 있다.

그림 4.1에 나타낸 바와 같이 오염부지 위에서 지하에 위치한 오염

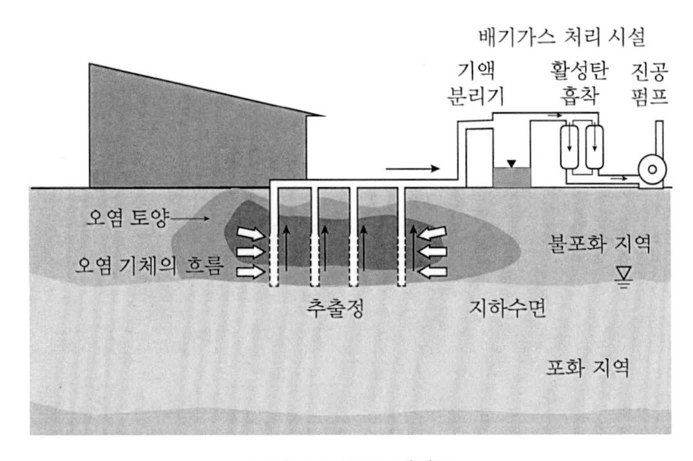

그림 4.1 SVE 개념도

지층까지 추출정을 관입하면 불포화 대수층 내에 존재하는 휘발성 오염물질이 기화되어 기체 상태로 추출정을 통해 배출된다. 추출정은 다공관(perforated pipe)을 사용하며 지하수층까지 도달하지 않도록 한다. SVE는 포화 지역에는 효과가 없기 때문에 양수 처리(pump and treat)와 같은 인위적인 방법으로 대수층을 저하시켜서 적용할 수도 있다.

오염기체는 저항이 가장 적은 지역을 따라 이동하기 때문에 토양의 통기성이 주요 변수가 된다. 오염원이 넓게 분포해 있는 경우 여러 개의 추출정이 설치되며 추출된 오염기체는 활성탄 흡착, 습윤 세정, 생물학적 처리 등의 배기가스 처리 과정을 거친 후 통풍 장치를 통해 대기 중으로 배출된다. 오염기체와 함께 추출된 지하수의 용출액에도 오염물질이 포함되어 있으므로 후처리가 필요하다.

표 4.1 SVE의 장·단점

장점	단점
① 굴착이 필요 없다. ② 장비가 간단하고, 단기간에 설치할 수 있다. ③ 다른 시약이 필요 없다. ④ 유지 및 관리 측면에서 경제적이다. ⑤ 생물학적 처리 효율을 높여준다.	① 증기압이 낮은 오염물질에는 제거 효율이 낮다. ② 통기성이 낮은 세립토양에는 사용이 곤란하다. ③ 오염물질의 독성에는 변화가 없다. ④ 추출된 오염기체는 후처리가 필요하다. ⑤ 지층의 복잡성으로 처리 시간의 예측이 곤란하다.

SVE의 효율에 영향을 미치는 인자는 토양의 통기성, 수분 함유량, 유기물 함량 등이며, 추출정에 진공 펌프를 연결하여 토양을 진공 상태로 유지시키거나, 주입정을 설치하고 송풍기를 통해 공기를 주입하여 효율을 높이기도 한다.

오염부지의 투수계수가 5~10 cm/sec 이하인 경우 정화 효율이 감소하며, 세립토양이나 수분이 다량으로 포함된 오염부지의 경우 통기성이 감소되기 때문에 처리 비용이 증가하게 되며, 오염부지가 매우 건조하거나 토양 내 유기물 함량이 높으면 휘발성 오염물질이 토양에 강하게 흡착되어 제거율이 감소한다.

표 4.2 토양에 따른 SVE의 처리 효과

토양	적합	부분 적합	부적합
자갈	✓		
중간 모래	✓		
가는 모래	✓		
미사		✓	
점토			✓

세립토양에서 SVE의 처리 효율을 증가시킬 목적으로 높은 진공압을 가해주면 영향 반경이 넓어지고 처리 시간도 단축되지만, 안정적이고 균질한 추출을 위해서는 낮은 진공압을 가해주어야 하며 진공압이 낮을수록 시설 비용 및 유지비도 낮아지게 된다. 일반적으로 18개월 정도 운전하여 오염물질을 제거한다.

표 4.3 오염물질에 따른 SVE의 처리 효과

오염물질	적합	부분 적합	부적합
휘발성 유기물	✓		
준휘발성 유기물		✓	
중유			✓
중금속			✓
다이옥신			✓
PCBs			✓

4.1.2 공기살포

토양증기추출이 불포화 대수층에 추출정을 설치하여 휘발된 오염기체가 배출되도록 유도하는 기술이라면, 공기살포(air sparging)는 포화 대수층 내부로 공기를 주입하여 휘발성 유기오염물질을 휘발시켜 제거하는 기술이다.

그림 4.2에 나타낸 바와 같이 지하수층으로 주입된 공기는 토양의

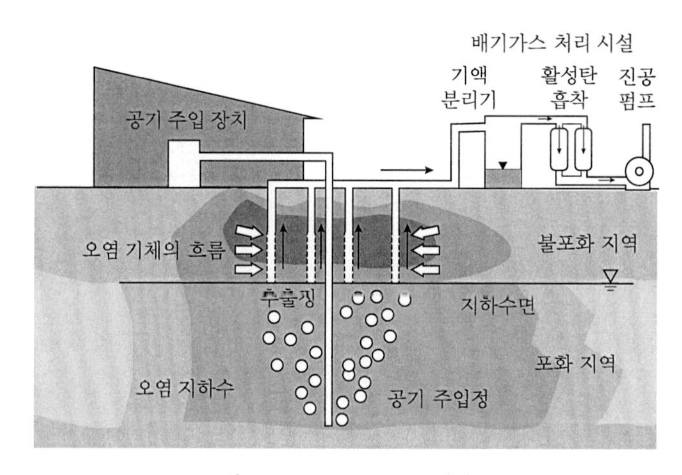

그림 4.2 Air sparging 개념도

간극을 통해 수평 및 수직 방향으로 이동하며 휘발성 유기오염물질을 기화시키면서 공기 방울 형태로 추출정으로 이동하게 된다. 추출정을 통해 배출된 오염기체에는 다량의 수분이 포함되어 있으므로 기액 분리기를 통해 수분을 분리한 후, 오염기체와 오염수는 각각 활성탄 흡착 및 수처리를 통해 오염원을 제거하게 된다.

공기살포도 투수계수가 낮은 토양($k < 10^{-3}$cm/s)에는 적용할 수 없으며, 불균질하거나 유기질 성분이 많은 실트 등 세립토양에는 효율이 떨어지기 때문에 보통 균질한 사질토에 적용하면 유리하다. 호기성 생분해 가능성이 높거나 휘발성이 강한 오염물질(i.e. BTEX, PCE, TCE 등)을 대상으로 하며 용해도가 클수록 효율이 저하되므로 적용이 어렵다.

휘발성 및 생분해 가능성이 낮은 오염원에는 정화 효율이 감소하며, LNAPL층의 두께가 50 cm 이상이거나 자유상(물에 용해되지 않고 독자적으로 존재하는) DNAPL의 경우 제거 효율이 떨어진다. 적용 대

표 4.4 토양에 따른 air sparging의 처리 효과

토양	적합	부분 적합	부적합
자갈	✓		
중간 모래	✓		
가는 모래	✓		
미사		✓	
점토			✓

표 4.5 오염물질에 따른 air sparging의 처리 효과

오염물질	적합	부분 적합	부적합
휘발성 유기물	✓		
준휘발성 유기물		✓	
중유			✓
중금속			✓
다이옥신			✓
PCBs			✓

상 대수층의 경우 자유면 대수층으로 단열이 많은 기반암에 유리하며, 오염원의 확산이 예상되는 피압 대수층이나 단열이 없는 기반암에는 적용할 수 없다.

4.1.3 바이오벤팅

바이오벤팅(bioventing)은 토양 내에 존재하는 미생물에 산소를 공급하여 미생물의 생분해 능력을 향상시킴으로써 미생물에 의해 불포화 대수층에 존재하는 휘발성 유기오염물질을 분해하는 기술이다.

주입정을 통해 미생물의 활성에 필요한 정도의 산소만 공급하기 때문에 주입되는 공기압이 낮아도 되는 장점이 있고, 토착 미생물의 생분해 능력을 향상시키기 위하여 영양분을 주입할 수도 있다.

오염원의 제거 깊이는 일반적으로 3~10 m 정도이며, 주입정 및 추출정은 50~100 mm 직경의 PVC 다공관을 그림 4.3에 나타낸 바와 같이 지하수면 상부 불포화 지역에 관입되도록 한다. 오염물질의 과

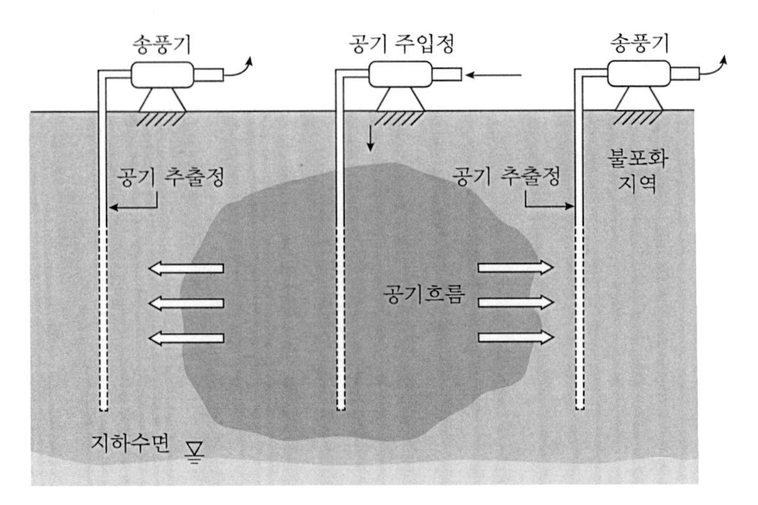

그림 4.3 오염지역 내부에서 공기를 주입하는 bioventing 개념도

도한 휘발 및 불필요한 에너지가 소비되지 않도록 주입하는 공기의 양을 적절히 조절해야 한다.

일반적으로 바이오벤팅은 오염부지 내에 주입정을 설치하고 공기를 공급하여 공기의 흐름이 오염부지 외부로 이동하도록 유도하는 방식을 사용하지만, 그림 4.4에 나타낸 바와 같이 주입정과 추출정의 위치를 SVE의 적용과 같은 방식으로 오염부지 외부에서 공기를 주입하고 내부에서 추출하는 방식을 채용하기도 한다.

휘발에 의한 오염기체의 발생이 거의 없고 주로 생분해에 의한 오염원의 제거가 가능한 경우, 추출정을 설치하지 않고 오염부지 내에 주입정만 설치하고 공기를 주입하여 오염원을 제거하기도 한다.

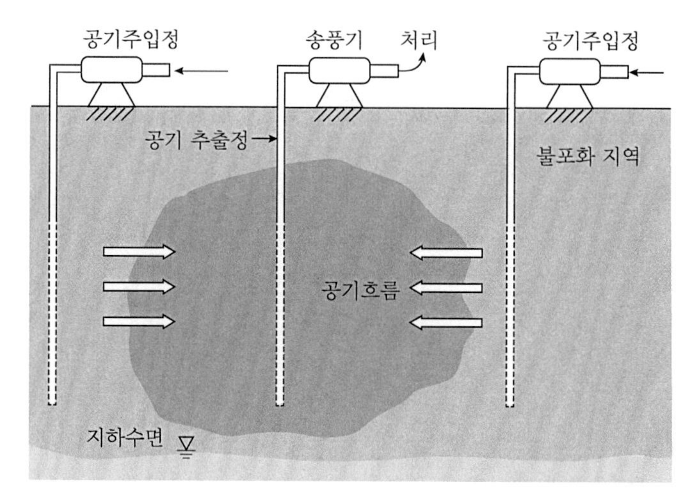

그림 4.4 오염지역 외부에서 공기를 주입하는 bioventing 개념도

바이오벤팅은 보통 불포화 대수층에 적용하지만 포화 대수층에 존재하는 휘발성 오염원을 제거하기 위하여 포화 대수층 내부에 공기를 주입하여 오염 대수층을 통과한 공기가 상층부로 이동하면서 지하수

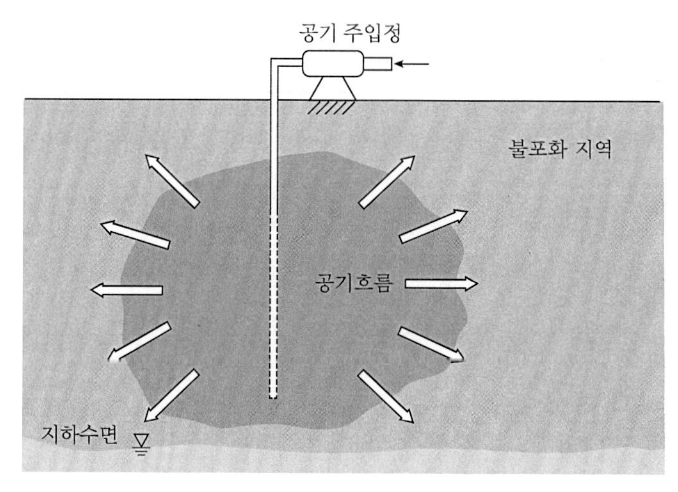

그림 4.5 단일 주입정에 의한 bioventing 개념도

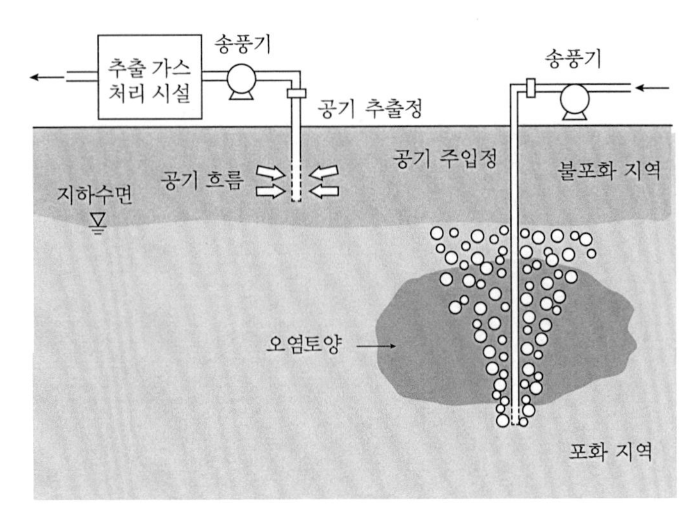

그림 4.6 공기살포법과 결합된 bioventing 개념도

내에 존재하는 휘발성 유기오염물질을 기체 상태로 전이시키고 생분해가 진행되도록 하기도 한다. 단일 주입정에 의한 바이오벤팅에서와 같이 미생물의 활성도가 최적의 상태로 유지된다면 추출정을 설치하지 않아도 된다.

SVE의 주요 기작이 휘발이라면 바이오벤팅의 주요 기작은 미생물에 의한 생분해이기 때문에 온도가 정화 효율에 중대한 영향을 미친다. 토양의 온도는 계절에 따라 변화하므로 일반적으로 지표로부터 10 m 깊이까지는 온도에 따라 정화 효율이 변화하게 된다.

겨울철에는 일반적으로 지표로부터 2 m 깊이까지 동결되기 때문에 온도의 변화를 고려하여야 하며, 토양의 pH는 미생물 및 오염원의 흡

표 4.6 토양에 따른 bioventing의 처리 효과

토양	적합	부분 적합	부적합
자갈			✓
중간 모래	✓		
가는 모래	✓		
미사	✓		
점토			✓

착과 연관되므로 토양의 pH가 6~8 정도일 때 바이오벤팅을 적용하기에 최적의 환경이라고 할 수 있다.

바이오벤팅은 투수성이 10^{-5}cm/sec 이상인 사질토 지반에 적합하며, 자갈층인 경우 미생물의 성장이 불가능하기 때문에 적용할 수 없다. 처리 가능한 오염물질은 휘발성 및 생분해성을 가지고 있어야 하며, 밀도가 낮은 오염물질은 주로 휘발에 의해 처리되고 밀도가 높은 오염물질은 주로 생분해에 의해 처리되기 때문에 용해도가 큰 오염물질은 처리 효율이 떨어진다.

표 4.7 오염물질에 따른 bioventing의 처리 효과

오염물질	적합	부분 적합	부적합
비할로겐 휘발성 유기물	✓		
유류	✓		
할로겐 휘발성 유기물		✓	
비할로겐 준휘발성 유기물		✓	
비할로겐 준휘발성 유기물		✓	
폭발물		✓	
무기물			✓

4.1.4 지중 생분해

지중 생분해(in-situ bioremediation)는 토양에 영양분을 주입하여 토착 미생물의 성장을 촉진시킴으로써 포화 대수층에 흡착 또는 용해되어 있는 유기오염물질을 분해하는 기술이다. 특히 석유계 탄화수소로 오염된 지역을 정화하는 데 매우 유용하며 토양증기추출, 공기살포, 바이오벤팅 등과 결합하여 적용할 수 있다.

토양에는 일반적으로 여러 다양한 종류의 미생물이 존재하는데 그중에 가장 많은 군집을 형성하고 있는 박테리아는 산소량이 적은 조건에서도 영양 물질을 공급하면 빠르게 성장한다.

미생물은 에너지원으로 탄소를 필요로 하며, 전자 수용체(TEA)에 의해 탄소원을 이산화탄소로 산화시키는 에너지 생산 과정이 필요하다. 영양 물질은 대수층에 이미 존재하지만 미생물의 활성화를 위하여 추

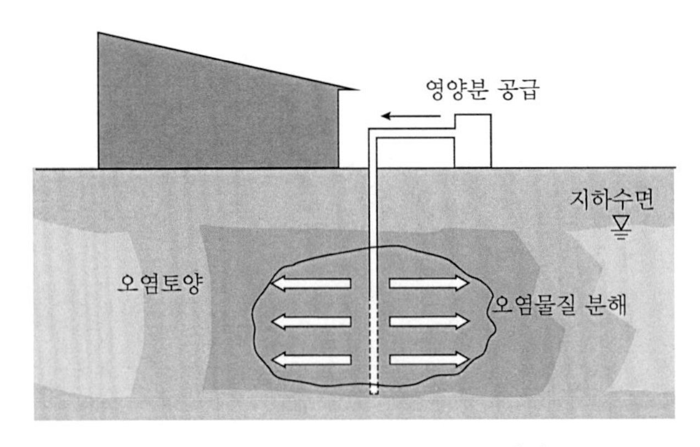

그림 4.7 In-situ bioremediation 개념도

표 4.8 토양에 따른 in-situ bioremediation의 처리효과

토양	적합	부분 적합	부적합
자갈			✓
중간 모래		✓	
가는 모래	✓		
미사	✓		
점토			✓

가로 주입하기도 하는데 지반 조사를 통해 질소와 인의 양을 검토하고 이를 바탕으로 추가 주입량을 결정한다.

지중 생분해는 투수성이 10^{-4} cm/sec 이상인 대수층에 효과적이다. 실트나 점토가 포함되어 투수성이 10^{-4}~10^{-6} cm/sec인 지역에도 적용은 가능하지만 정화 시간이 길어진다.

일반적으로 토양 내 미생물 수가 1,000 CFU/gram 건조 토양인 경우, 미생물 활성이 가능하여 높은 처리 효율을 기대할 수 있다. 고농도의 유기화합물 및 중금속은 미생물의 성장을 저해하거나 독성을 미

표 4.9 오염물질에 따른 in-situ bioremediation의 처리 효과

오염물질	적합	부분 적합	부적합
비할로겐 휘발성 유기물	✓		
할로겐 휘발성 유기물	✓		
유류	✓		
비할로겐 준휘발성 유기물		✓	
할로겐 준휘발성 유기물		✓	
폭발물		✓	
무기물			✓

칠 수 있기 때문에 각각 50,000 ppm(TPH)의 석유 화합물, 60,000 ppm의 유기 용매, 2,500 ppm의 중금속의 농도를 초과하지 않는다면 지중 생분해가 가능하다.

4.1.5 토양세정

토양세정(soil flushing)은 물 또는 첨가제가 혼합된 공급수를 오염 부지에 주입하여 오염원을 통해 흐르면서 토양에 부착되어 있거나 간극 내에 존재하는 오염물질을 제거하기 위한 기술이다.

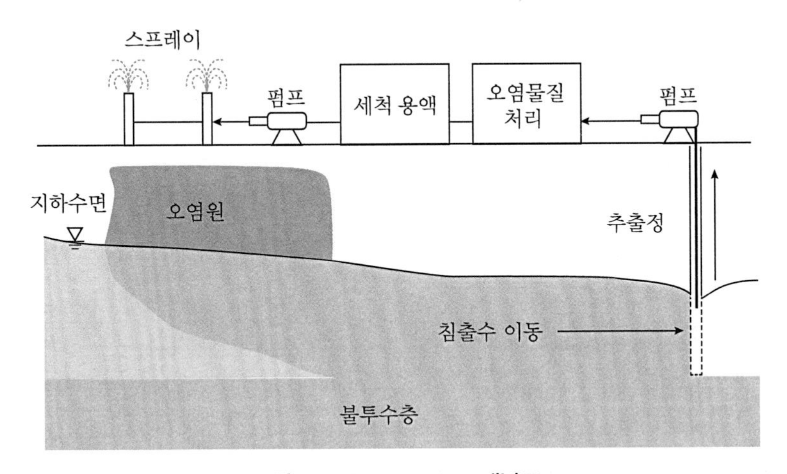

그림 4.8 Soil flushing 개념도

표 4.10 토양에 따른 soil flushing의 처리 효과

토양	적합	부분 적합	부적합
자갈	✓		
중간모래	✓		
가는모래	✓		
미사		✓	
점토			✓

제거 효율을 높이기 위하여 오염물질의 용해도를 높이는 계면활성제와 같은 첨가제를 물과 혼합하여 주입하기도 한다. 복잡한 지중 환경을 최대한 파악하여 주입정을 통해 공급되는 공급수가 오염지역을 통과할 수 있도록 세심한 주의가 필요하다. 분무기(spray) 방식이 아니라 주입정을 통해 공급수를 주입하는 경우, 추출정은 중력의 영향을 고려하여 주입정보다 깊게 설치하여야 한다.

표 4.11 오염물질에 따른 soil flushing의 처리 효과

오염물질	적합	부분 적합	부적합
중금속	✓		
방사능 오염물질	✓		
무기물	✓		
살충제		✓	
휘발성 유기물		✓	
준휘발성 유기물		✓	

추출정을 통해 추출된 오염수는 수처리 과정을 거쳐 공급수로 재활용되거나 방류하게 된다. 공급수가 오염지역을 통해 이동해야 하므로 투수성이 낮은 세립토에는 적용하기 어렵다. 오염수 및 공급수에 포함된 계면 활성제에 의한 2차 오염이 유발될 수 있기 때문에 처리 전 철저한 지반 조사 및 처리 중 지속적인 관찰이 필요하다.

4.1.6 동전기정화

1980년 미국에서 전기침투를 이용하여 하수 슬러지를 탈수하기 위한 연구를 수행하던 중 전기력에 의해 추출된 유출수에서 다양한 종류의 오염물질이 검출되는 것을 발견하였고, 이때부터 환경 분야에서 오염 토양의 정화기술로서 전기침투 공법을 연구하기 시작하였다.

동전기정화(electrokinetic remediation)는 1986년 네덜란드에서 최초로 오염 현장에 적용되었고, 세립토양으로부터 오염물질을 성공적으로 추출한 이래 특히 투수성이 낮은 오염된 점토 지반에 대한 지중처리 기술로 개발되어 왔다.

그림 4.9에 나타낸 바와 같이 동전기정화는 오염지반에 한 쌍의 전극을 설치하고 직류(DC) 전류를 흘려주면, (+)전극에서 (−)전극으로 간극수와 함께 오염물질이 이동하여 (−)전극 주변에 모이면 추출정을 통해 오염물질을 제거하는 기술로 중금속, 방사성 물질, 유류, TCE, BTEX, PAHs, 폭발물 등 대부분의 유기 및 무기 오염물질을 제거할

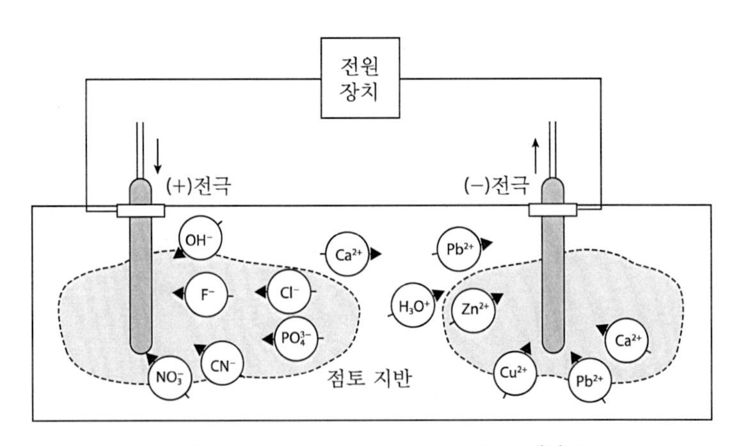

그림 4.9 Electrokinetic remediation 개념도

수 있다.

① 전기삼투

입자의 표면이 음전하를 띠는 점토 지반에는 (−)이온보다 (+)이온이 더 많이 존재하기 때문에 이온의 이동에 의해 (+)전극으로 향하는 물의 흐름보다 (−)전극으로 향하는 물의 흐름이 압도적으로 크게 된다. 이와 같이 전기력에 의해 음극 방향으로 물이 흐르는 현상을 전기삼투(electro-osmosis)라 한다.

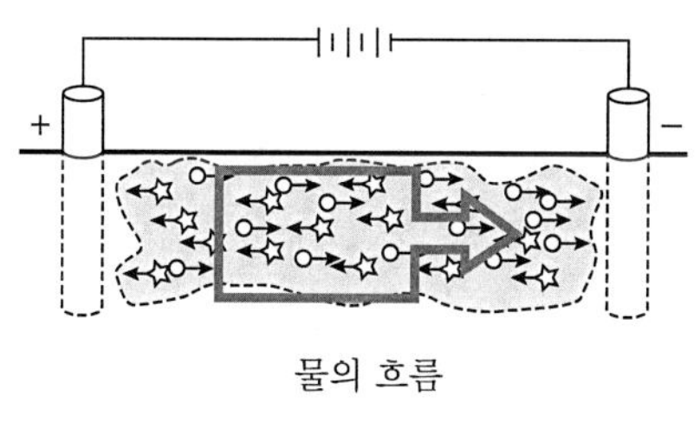

그림 4.10 Electro-osmosis

② 전기이동

간극수에 존재하거나 전기분해에 의해 생성된 다양한 이온들이 전

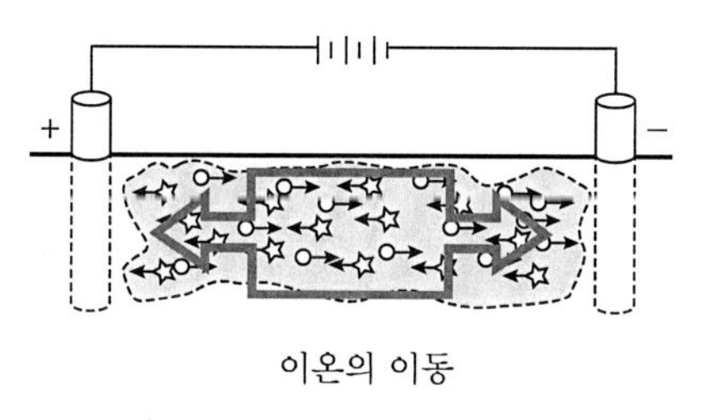

그림 4.11 Electro-migration

기력에 의해 (+)이온은 음극 방향으로, (−)이온은 양극 방향으로 이동하는 현상을 전기이동(electro-migration)이라 한다.

③ 전기영동

점토와 같이 입자의 표면에 음전하를 띠는 입자가 전기력에 의해 양극 방향으로 이동하는 현상을 전기영동(electrophoresis)이라 한다.

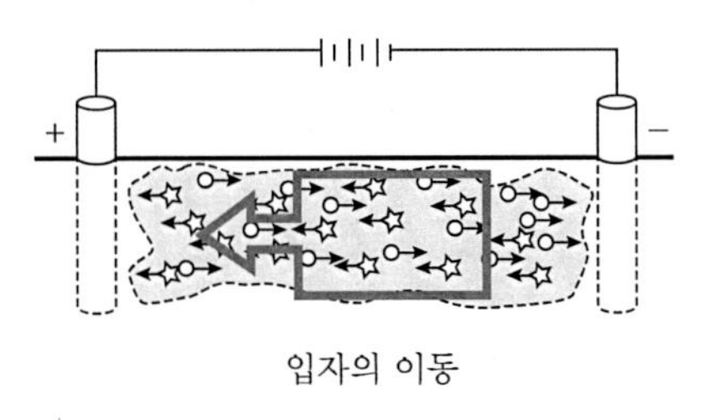

그림 4.12 Electrophoresis

④ 전기분해

전기분해(electrolysis)는 용액에 전기력을 가하면 산화 및 환원 반응이 일어나는 현상을 말한다. 물에 전류를 흘려주면 물은 분해(이온화)되어 (+)전극에서는 산화 반응에 의해 산소 가스가 발생하며, (−)전극에서는 환원 반응에 의해 수소 가스가 발생하게 되는데, 산소와 수소의 부피비는 1:2이며 반응식은 다음과 같다.

$$(+)\text{극}: 2H_2O - 4e^- \rightarrow O_2\uparrow + 4H^+ \quad (\text{산화})$$
$$(-)\text{극}: 4H_2O + 4e^- \rightarrow 2H_2\uparrow + 4OH^- \quad (\text{환원})$$

또한 (+)전극에서는 H^+의 영향으로 pH가 감소하고, (−)전극에서는 O^{2-}의 영향으로 pH가 증가하게 된다.

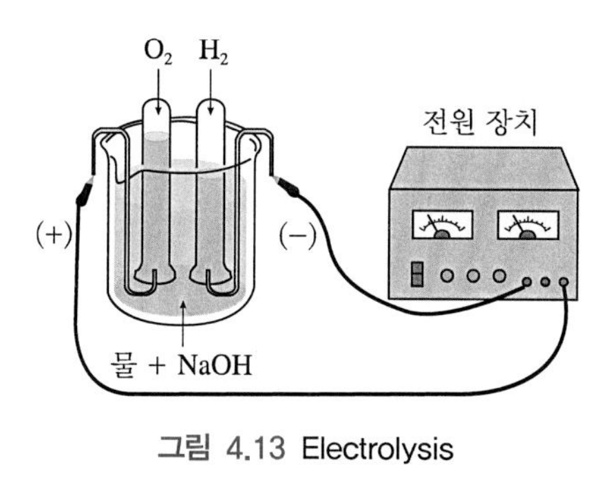

그림 4.13 Electrolysis

⑤ 산 전선 및 염기 전선

전기분해로 인해 동전기정화 초기에 (+)전극 주변 토양은 산성(pH ≃ 2)이 되고, (−)전극 주변 토양은 염기성(pH ≃ 12)이 된다. 시간이 경과함에 따라 양극에서 형성된 산성과 음극에서 형성된 염기성은 흙이라는 다공질(porous) 매체를 통해 이동하게 된다.

전기력에 의해 산성화가 음극 방향으로 진행되는 현상을 산 전선(acid front), 알칼리화가 양극 방향으로 진행되는 현상을 염기 전선(base front)이라 하며, 산 전선 및 염기 전선은 동전기정화 과정 중에 나타나는 다음과 같은 이동 기작에 의해 발생된다.

- Electro-osmotic advection: 전기삼투에 의한 간극수의 이류

- Electro-migration: 전기력에 의한 이온의 이동
- electrolytic diffusion: 농도 경사에 의한 확산

전기삼투에 의한 간극수의 이류는 (+)전극으로 향하는 염기 전선의 이동을 방해하기 때문에 (−)전극으로 향하는 산 전선의 이동이 훨씬 우세하게 되어 동전기정화로 처리된 토양은 산성화로 인해 산성토양이 된다.

음극에서 형성되어 양극 방향으로 이동하는 염기 전선은 토양 내의 중금속 등 이온 물질을 침전(precipitation)시키게 되며, 오염물질이 침전되면 이동이 지체되거나 이동성을 잃게 되어 고정된다. 반면 양극에서 형성되어 음극 방향으로 이동하는 산 전선은 토양 내의 침전물을 용해(dissolution)시키게 된다.

동전기정화의 특징 중 하나는 점토 입자의 표면에 흡착되어 있는 오염물질을 전기력으로 탈착(desorption)시켜서 추출할 수 있다는 점이다. 점토 입자의 표면에 전기·화학적으로 수착(sorption)되어 있는 물 분자는 동수경사(hydraulic gradient)에 의한 간극수의 흐름에는 동참하지 않지만, 전기력에 의해 이동하는 이온에 의해 이끌려서 이동하게 되므로 특히 저투수성 점토 지반에서 전기력에 의한 물의 흐름은 탁월하다.

건설 분야에서 활용되는 전기침투 공법은 전기력에 의해 (+)전극으

로부터 이동된 간극수를 (−)전극에 설치된 추출정을 통해 배수하므로 탈수에 의해 지반의 강도가 증가하고 지지력이 향상된다.

반면 환경 분야에서 활용되는 동전기정화는 (+)전극과 (−)전극에 각각 주입정과 추출정을 설치하고, 주입정에서 첨가제와 물이 혼합된 공급수를 지속적으로 유입하고 추출정에서 배수함으로써 오염물질을 효과적으로 추출할 수 있게 된다.

4.1.7 지중 차단벽

지중 차단벽(cut off barrier)은 오염부지에서 오염원 주변에 지중 벽체를 설치하여 지하수의 흐름 등으로 오염물질이 이동하는 것을 차단하는 기술로 유기 및 무기 오염원, 방사능 물질을 포함한 금속류, NAPLs(non-aqueous phase liquids) 등을 처리하는 데 사용된다.

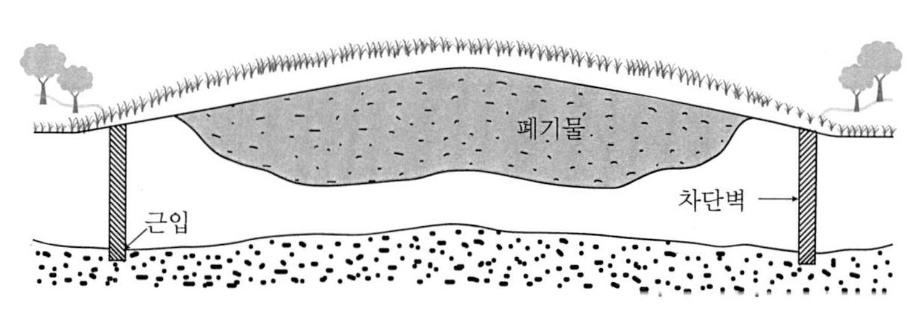

그림 4.14 Cut off barrier 개념도

지중 벽체는 건설 분야에서 이미 개발되어 널리 활용되고 있는 기술로 강널말뚝(steel sheet pile), 주열식 벽체(cast in place; CIP), 지하연속벽(slurry wall) 등이 있다.

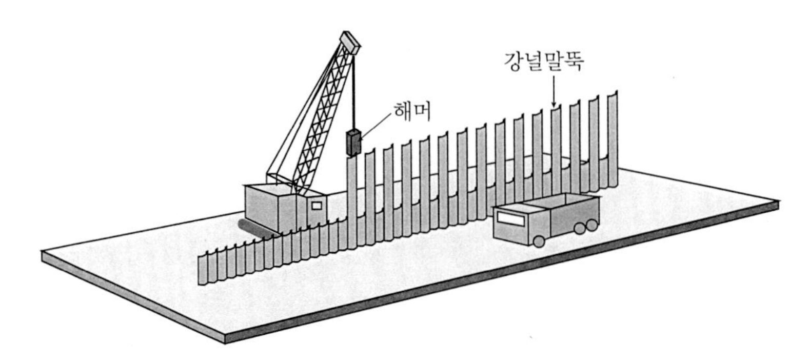

그림 4.15 Cut off barrier (a) steel sheet pile

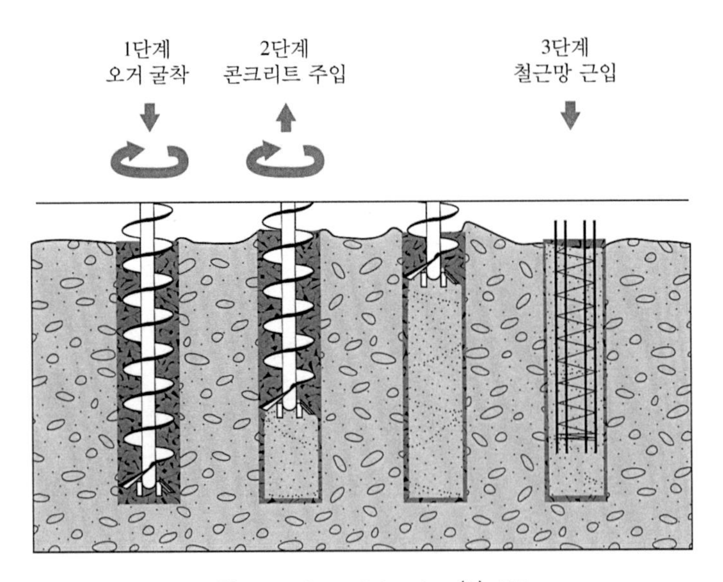

그림 4.15 Cut off barrier (b) CIP

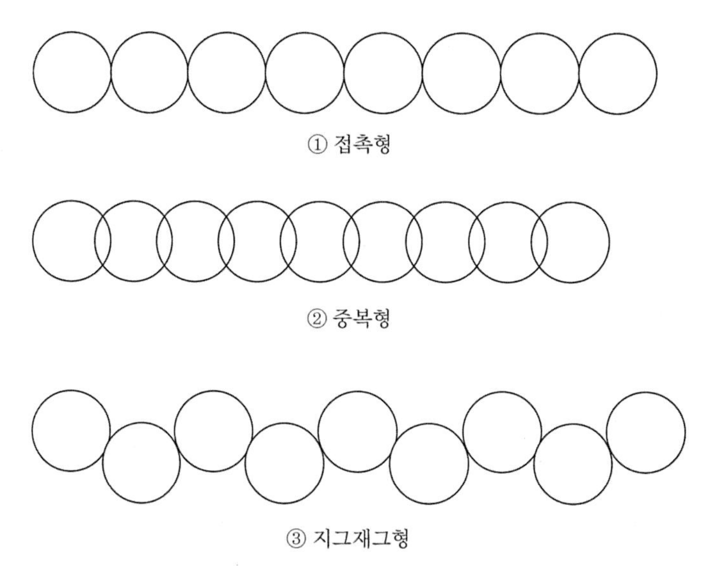

그림 4.15 Cut off barrier (b) CIP

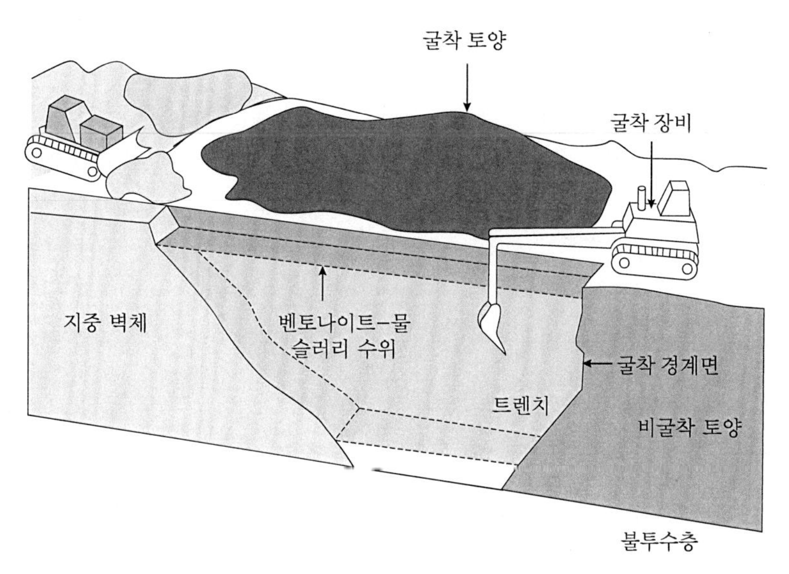

그림 4.15 Cut off barrier (c) slurry wall

지중 차단벽은 설계 목적에 따라 오염원을 완벽하게 둘러싸는 형태로 설치하거나, 오염원의 전방에 위치하여 지하수에 의한 오염물질의 영향을 최소화하거나, 오염원의 이동을 저하시키고 분해가 촉진될 수 있도록 오염원의 후방에 설치하기도 한다.

• 완전 차단

오염지역 전체를 둘러싸는 적극적인 차단 방법이다. 모든 방향에서 오염원을 지하수로부터 완전하게 격리시킬 수 있지만, 넓은 지역이 오염된 경우 설치 비용이 많이 소요된다. 이 방법은 주변에 주거 단지가 있거나, 지하수의 흐름이 여러 방향이거나, 지하수위가 높거나, 지하수를 식수원으로 사용하는 경우에 적용된다.

• 상류구배 부분 차단

지하수의 수두 경사가 큰 경우, 지하수가 오염지역으로 유입되는 것을 차단하기 위하여 오염원의 전방(유입되는 지하수와 오염원 사이)에 지중 차단벽을 부분적으로 배치하여 침출수의 발생을 최소화시키는 방법이다. 이 방법은 지하수의 유입량이 많거나 하류 지역에서 지하수의 사용량이 많은 경우 적용된다.

• 하류구배 부분 차단

지하수의 수두 경사가 작은 경우, 오염원의 후방에 지중 차단벽을

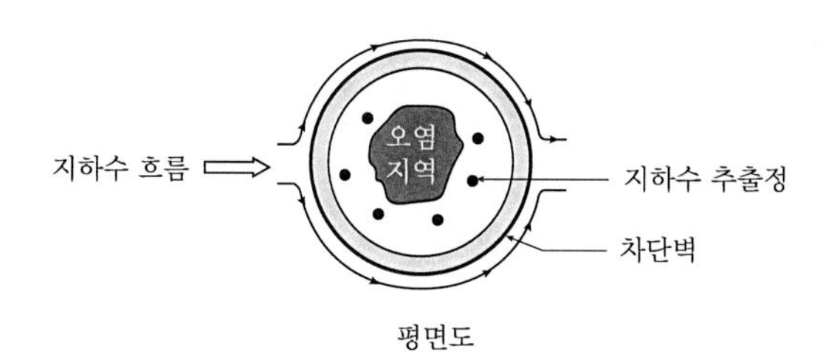

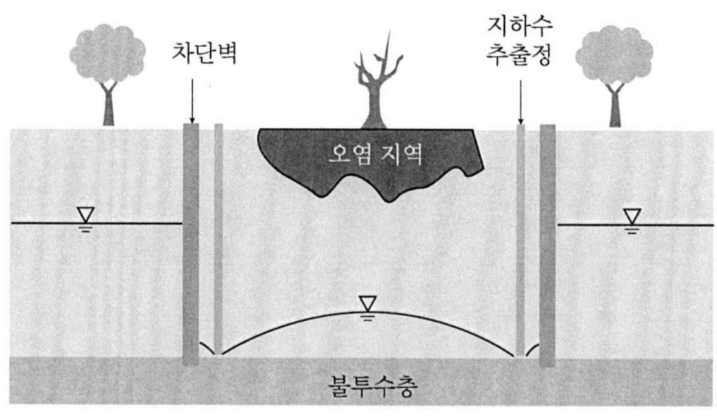

(a) 완전 차단

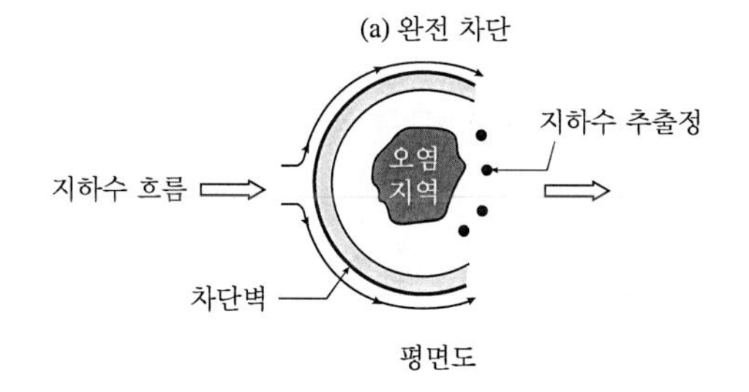

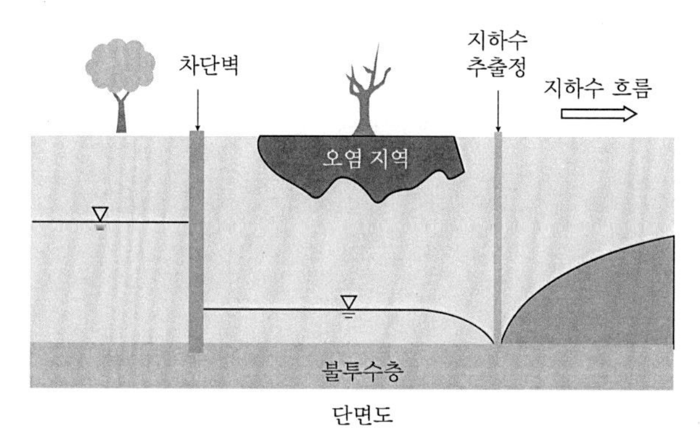

(b) 상류구배 부분 차단

그림 4.16 Cut off barrier에 의한 오염원의 차단 형태

부분적으로 배치하여 오염지역으로 유입된 지하수로 인해 생성된 침출수를 추출정에서 포집하여 처리하는 방법이다. 이 방법은 지하수의 유입량이 적거나, 차단벽의 설치가 곤란하여 단계적으로 지하수를 차단하는 경우 적용된다.

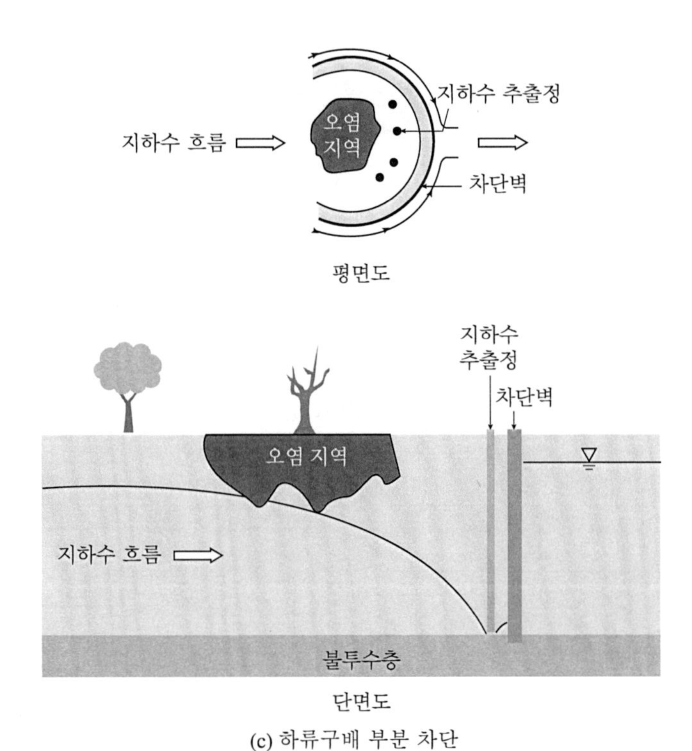

(c) 하류구배 부분 차단

그림 4.16 Cut off barrier에 의한 오염원의 차단 형태

4.1.8 투수성 반응벽체

투수성 반응벽체(permeable reactive barriers; PRBs)는 오염된 지하수를 정화하기 위한 기술이지만, 지하수의 흐름으로 인한 오염물질의 확산도 방지할 수 있는 오염 방지용 구조물이다. 지반 조사를 통해 오염원의 위치 및 지하수의 흐름 방향을 파악하여 오염운(plume)이 이동하는 지역에 반응 기질로 채워진 지중벽체를 설치한다.

용존성 오염물질 및 이동성 NAPL은 주변 지하수의 흐름에 의해 PRBs로 유입되고 벽체를 통과하면서 물리·화학적, 생물학적인 방법으로 제거되거나 벽체 내에 고정되기 때문에 오염원이 제거된 지하수는 벽체를 통해 빠져나간다.

따라서 오염 지하수의 이동으로 오염원이 확산되는 것을 차단하는

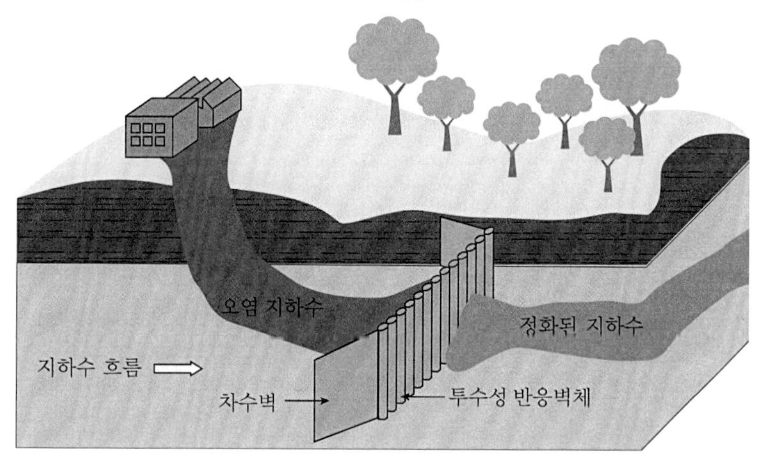

그림 4.17 PRBs 개념도

지중 차단벽과는 다른 차별화된 기술이며, 자연적인 지하수의 흐름을 이용한 정화기술이기 때문에 운영 및 유지비 측면에서 대부분의 기존 기술보다 경제적이다.

오염물질의 특성에 따라 반응벽체 내에서 발생하는 다양한 반응 기작을 고려하여 적절한 반응 매체를 선택하는 것이 중요하다. 반응 기질로 활성탄(activated carbon), 폐타이어, 석탄(coal), 나무 조각 및 이판암(shale) 등을 이용한 벽체를 설치하면 유기 화학물질 및 중금속이 흡착되어 고정된다.

통기성이 좋은 반응 매체는 휘발 및 생분해 작용으로 지하수에 포함된 BTEX, 질소, 인 등을 제거하는 데 효과적이다. PRBs는 기존의 기술을 이용하여 처리하기 곤란한 TCE, PCE, DCE 등에 적용할 수 있고 비소, 중금속, 방사능 폐기물, 석유 생성물, NAPL계 화학 물질, 화학 비료 등이 포함된 오염 지하수의 처리에 포괄적으로 사용되고 있다. 반응성이 오랜 기간 지속되는 영가철(zero-valent iron, Fe^0)을 이용한 반응벽체는 산화–환원 반응에 의해 지하수 내의 할로겐화 유기화합물 및 무기오염물을 침전시킨다.

PRBs에 적용되는 반응 기질은 경제적이어야 하며, 지하수의 오염이 지속되는 동안 장기적으로 반응이 유지될 수 있어야 한다. 따라서 지하수의 유속을 고려하여 반응 기질의 설계 수명을 예측하고 반응벽체의 두께를 결정하여 벽체 내에서 오염물질이 속도 제한적으로 반응을 일으키기에 적절해야 한다. 또한 지하수의 오염도를 정기적으로 측정하여 만약 오염도가 증가한다면 반응 기질을 새로 교체할 수도 있다.

반응벽체의 투수성은 현장 토양의 투수성과 같거나 크게 설계하여 벽체가 지하수의 흐름을 방해하지 않도록 한다. 지하수의 유속이 너무 빠르거나 오염 지하수의 깊이가 너무 깊은 경우 효율이 떨어질 수 있다. 30 m 이상 굴착하여 반응벽체를 건설하는 경우 비경제적이며, 불투수층 상부에 존재하는 염소계 유기 용매를 처리하기 곤란하다.

PRBs와 오염물질과의 상호 반응으로 유해 물질을 생성하지 말아야 한다. 즉, 반응 기질의 반응성이 저하되거나 벽체 내에서 오염물질의 체류 시간이 짧아서 불완전한 환원이 일어날 때 발생되는 중간 생성물이나 부산물 등에는 독성 물질이 포함되어 있기 때문에 주의해야 한다.

여러 가지 오염물질로 오염된 지하수의 경우, 하나의 반응 물질만으로 처리하기 곤란하기 때문에 반응 기질을 혼합하여 제작하거나 반응벽체를 연속적으로 설치하여 지하수에 존재하는 혼합 오염물을 동시에 처리할 수 있도록 한다.

불완전 환원 반응으로 독성 물질이 포함된 중간 생성물이나 부산물의 발생이 예측되는 경우, 반응벽체를 2단으로 구성하여 1단에서 지하수에 포함된 오염물질을 처리하고 2단에서 중간 생성물이나 부산물을 처리할 수도 있다.

4.1.9 식물 복원

식물 복원(phyto-remediation)은 식물을 이용하여 오염된 토양 및 지하수를 정화하는 친환경적인 기술이다. 공정의 원리는 식물체의 뿌리가 오염물질을 흡수하거나 뿌리 주변에 오염물질을 고정시키게 되기 때문에 오염원의 정화는 주로 뿌리와 접촉하는 공간에 한정된다.

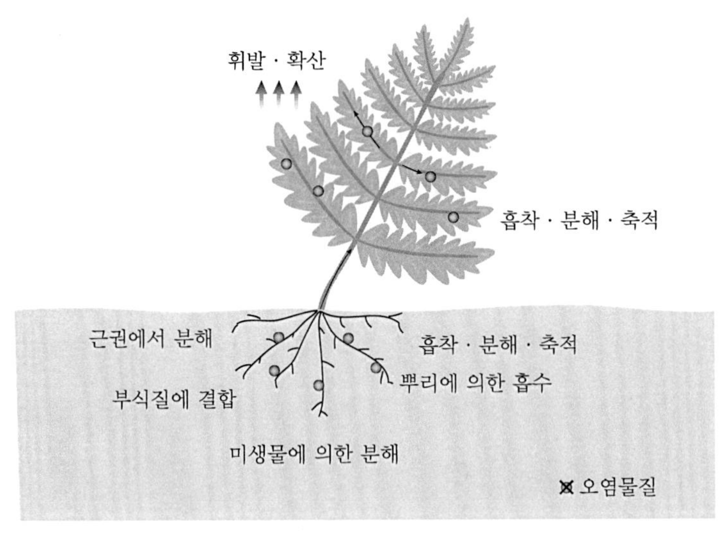

그림 4.18 Phyto-remediation 개념도

정화 효율을 결정하는 데 있어서 고려해야 할 요소로는 지표로부터 오염원까지의 깊이, 오염원의 농도, 식물체의 종류 및 생장 속도, 주변 생태계 등이 있다. 식물을 이용한 세부 복원 공정은 다음과 같다.

• 식물 추출

식물의 뿌리를 통하여 오염물질을 추출하는 식물 추출(phyto-extraction)은 주로 중금속 및 방사성 오염물질의 제거에 적용되며, 흡수된 오염물질은 식물체 내에 농축되기 때문에 정화가 끝나면 오염된 식물체를 제거한 뒤 소각 등의 처리가 필요하다.

• 식물 안정화

카드뮴, 납, 우라늄, 세슘 등의 오염물질이 뿌리 주변에 축적되어 농축되거나 식물체에 의해 이동이 차단되는 원리를 이용한 식물 안정화(phyto-stabilisation)는 토양이나 식물체를 제거하지 않기 때문에 생태 복원이 비교적 쉽고 경제적인 방법이다. 이동이 차단된 오염물질이 오염부지 내에 존재하고 있기 때문에 고형화·안정화와 같이 장기적인 관리가 필요하다.

• 근권 분해

근권 분해(rhizo-degradation)는 식물체의 뿌리에서 분비되는 다양한 영양분으로 활성화된 미생물 군집이 뿌리 주변에 서식하면서 유기 오염물질의 분해를 촉진시키는 방법이다. 근권이 발달되기 위해서는 상당한 시간이 소요되므로 주변 생태계의 영향을 고려할 필요가 있다.

• 식물 분해

식물 분해(phyto-degradation)는 근권 분해와 달리 식물체에 흡수된 오염물질이 식물체에서 분비되는 효소나 대사 작용 등에 의해 식물체 내에서 직접 분해되는 방법이다. 일반적으로 얕은 깊이로 광범위하게 오염된 지역에 적용된다.

• 식물 휘발화

식물 휘발화(phyto-volatilization)는 식물체에 흡수된 오염물질이 휘발성 물질로 변형되어 대기로 방출되는 현상을 이용한 방법으로 특성상 식물 분해와 같이 일어나는 경우가 많다.

중금속을 흡수할 수 있는 식물체는 대부분 생장이 느리고, 오염물질을 흡수하는 식물체 뿌리의 길이에 의해 제거 효율이 결정된다. 일반적으로 식물 정화를 이용하여 오염원을 제거할 수 있는 깊이는 보통 식물의 뿌리가 뻗을 수 있는 1~3 m 범위이다.

최근에는 고농도의 오염원에 대해서도 생장이 빠른 식물체로 개량하거나, 뿌리의 생장을 촉진시켜서 길이가 수미터에서 십 수미터까지 자랄 수 있도록 개량된 식물체가 개발되고 있다. 식물 복원은 현장 적용성이 우수하고 기존의 물리·화학적 정화 공법에 비해 처리 속도는 다소 느리지만 2차 부산물의 발생이 거의 없기 때문에 친환경적이며 유지 및 관리 면에서 경제적인 공법이다.

대상 지역의 오염원 및 오염 면적 등을 고려하여 최적의 식물종을 선택하여야 하며 일반적으로 성장이 빠르고, 증산 작용(transpiration)이 활발해야 하며, 오염원의 독성을 제거하여 무해한 물질로 변환시키고, 유지 및 관리가 수월하며, 주변 환경에 잘 적응할 수 있어야 한다. 특히 성장이 우수한 포플러 나무는 식물 정화에 가장 적합한 수종 중의 하나이다.

표 4.12 토양에 따른 phyto-remediation의 처리 효과

토양	적합	부분 적합	부적합
자갈			✓
중간 모래		✓	
가는 모래	✓		
미사	✓		
점토		✓	

식물 복원에 이용 가능한 식물종은 매우 다양하다. 1년생 초본류인 해바라기와 페스큐(fescue) 등이 있고, 목본류로는 포플러, 미루나무, 버드나무, 계피나무 등이 있다. 또한 대상 지역의 고유한 토착 식물이 활용되기도 한다.

표 4.13 오염물질에 따른 phyto-remediation의 처리 효과

오염물질	적합	부분 적합	부적합
비할로겐 휘발성 유기물	✓		
할로겐 휘발성 유기물	✓		
유류	✓		
비할로겐 준휘발성 유기물		✓	
비할로겐 준휘발성 유기물		✓	
무기물		✓	
폭발물		✓	

중금속, BTEX, PAHs, 염화 용매, 암모늄, 인산염, 탄약 폐기물 등 다양한 오염물질을 효과적으로 처리할 수 있다. 유기 및 무기 오염원의 농도가 높은 경우, 오염원의 독성으로 인하여 효율이 감소하거나 정화 기간이 길어질 수 있기 때문에 오염도가 매우 높은 지역에서는 토양을 제거하거나 매립하는 등의 기타 공법을 우선 적용하고 이어서 최종 처리에 식물 복원을 이용하면 경제적이고 효과적인 정화가 가능하다.

4.2 지상 처리

오염토양을 굴착하여 오염지역 현장에서 처리하거나 처리 가능한 시설이 있는 지역으로 이동하여 처리하는 기술을 말하며, 지중 처리에 비해 경제성은 떨어지지만 현장에서 오염물질의 확산 우려가 적고,

처리 중 오염도 조사가 용이하여 필요한 만큼의 정화가 가능한 기술이다.

4.2.1 토양세척

토양세척(soil washing)은 오염토양 정화공법 중 가장 오래된 기술로 1970년대 미국에서 기름 누출 사고로 오염된 해변을 정화하기 위해 최초로 개발되었다. 대상 오염부지로부터 오염된 토양을 굴착하고 전처리를 통해 이물질을 분리한 뒤 적절한 세척제를 사용하여 토양 입자에 부착되어 있는 오염물질의 표면 장력을 약화시켜서 다양한 오염물질을 분리시키는 기술이다.

오염물질은 특성상 입자의 크기가 작은 점토나 실트에 농축되어 있을 뿐만 아니라 특히 점토의 표면에 전기·화학적으로 강하게 흡착되어 있기 때문에 처리가 곤란한 세립토는 분리하는 편이 경제적으로

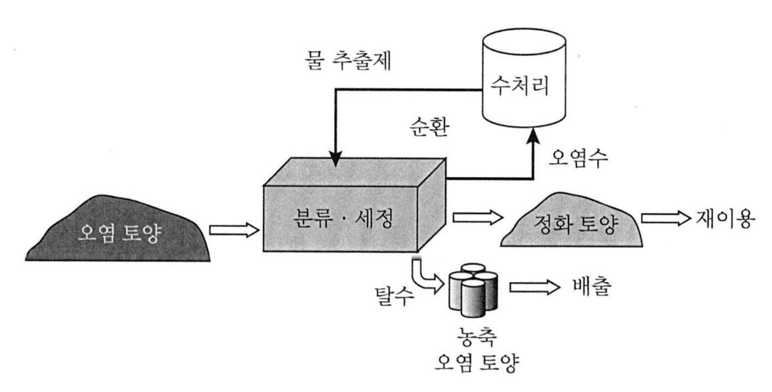

그림 4.19 Soil washing 처리 공정도

유리하다. 따라서 토양세척은 오염토양을 완전히 정화하는 것이 아니라 오염토양의 부피를 감소시키는 것을 목적으로 한다.

토양세척 설비는 파쇄기, 선별기, 분리장치, 혼합 및 추출 장치, 세척액 처리장치, 대기오염 방지장치, 세립토양 2차 처리장치 등으로 구성되어 있다.

• 파쇄기

초기 굴착으로 인해 뭉쳐있는 흙덩어리 혹은 입자가 큰 토양을 분쇄하는 장치로 세척 효율을 높이기 위해 사용한다.

• 선별기

세척이 불필요한 이물질(나무, 플라스틱, 금속 등)을 선택적으로 분리하는 장치이다.

• 분리장치

선별기에서 이송된 오염토양에 물을 첨가하여 입자 크기별로 분리하는 장치이다.

• 혼합 및 추출 장치

토양과 세척액이 효과적으로 접촉하여 세척 및 헹굼 과정을 통해 오염물질이 추출되는 장치이다.

• 세척액 처리장치

혼합 및 추출 장치를 통해 배출되는 폐액을 후처리하여 외부로 배출하거나 재사용하는 장치이다.

• 대기오염 방지장치

파쇄, 선별 및 후처리 공정 등에서 휘발성 오염물질로부터 방출되는 오염기체를 포집하여 전기 집진 및 활성탄 흡착 등으로 처리하여 배출하는 장치이다.

• 세립토양 2차 처리장치

세척 유출수에는 점토나 실트와 같은 세립토가 존재하므로 응집제를 첨가하여 분리해야 한다.

표 4.14 토양에 따른 soil washing의 처리 효과

토양	적합	부분 적합	부적합
자갈	✓		
중간 모래	✓		
가는 모래	✓		
미사		✓	
점토, 슬러지, 재			✓

표 4.15 오염물질에 따른 soil washing의 처리 효과

오염물질	적합	부분 적합	부적합
석유류 탄화수소	✓		
준휘발성 유기물	✓		
중금속	✓		
PCBs	✓		
중금속(유기물 포함)		✓	
살충제		✓	

유기물을 포함한 중금속과 같은 복합 오염물질로 오염된 토양을 세척하는 경우, 기존의 세척제를 선별하여 적용하거나 새로운 세척제를 제조해야 하기 때문에 어려움이 많다. 또한 토양 내에 부식 성분이 고농도로 존재하는 경우 처리 효율이 떨어지므로 전처리가 필요하다.

토양 세척은 다른 공법에 비해 오염물질의 제거 효율이 매우 우수하여 99% 이상 제거할 수도 있다. 경제성 등을 고려하여 다른 정화 기술과 복합적으로 적용되기도 하며, 오염된 세립토를 분리한 후 정화처리가 완료된 토양은 현장에 다시 매립된다.

4.2.2 열처리

열처리(thermal treatment)는 크게 소각, 열탈착, 열분해 기술로 구분된다.

① 소각

소각(incineration)은 호기성 조건에서 오염토양 내에 존재하는 유기물질을 800~1,200°C의 고온에서 휘발·소각시키는 기술이다. 소각로에서 오염물질의 제거 효율은 99% 이상이다. 다양한 유기 및 무기 오염물질을 처리할 수 있지만 다른 공법에 비해 경제성이 떨어진다.

중금속으로 오염된 토양을 소각하는 경우 중금속 성분을 다량 포함한 재가 발생하게 된다. 비소, 카드뮴, 수은, 납 등 휘발성 중금속이

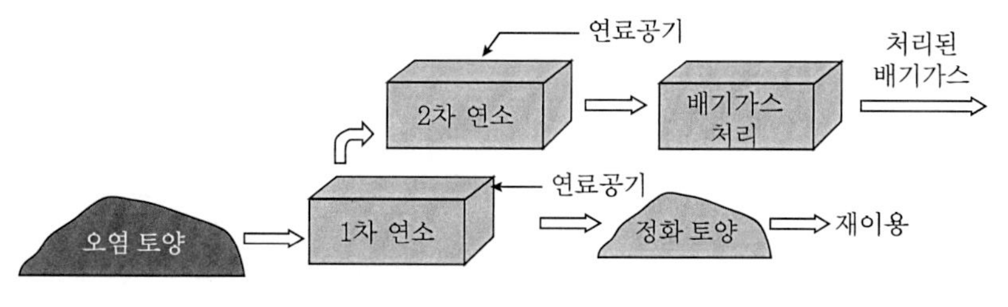

그림 4.20 Incineration 처리 공정도

포함된 오염토양을 소각하는 경우, 유해가스가 발생되기 때문에 배기가스 처리 장치가 필요하다.

② 열탈착

열탈착(thermal desorption)은 호기성 혹은 혐기성 조건에서 토양에 흡착되어 있는 오염물질을 500°C 이하의 온도에서 휘발 및 탈착시켜서 정화하는 기술이다. 휘발성 및 준휘발성 유기 오염물질에 대해 처리 효율이 높고, 처리 시간이 짧다는 이점이 있다.

우선 전처리를 통해 이물질을 제거하고 오염토양을 파쇄한다. 토양에 수분이 많이 포함되어 있는 경우, 에너지 소비를 줄이기 위하여 탈수 혹은 건조시키거나 모래와 혼합하여 처리한다.

원통형 탈착기에서 오염토양을 가열하여 오염물질이 건조·증발되도록 원통 내에서 불꽃이나 뜨거운 가스로 직접 가열하거나, 원통을 회전시키면서 원통 외부에서 간접 가열하는 방법이 있다.

입자의 크기가 5 cm 이상의 토양은 효율 및 경제성이 떨어지는 경향이 있다. 점토나 부식질을 함유한 토양은 입자 간 결합력이 강하기 때문에 처리 시간이 길어지며, 크거나 거친 입자를 포함한 오염토양을 장기간 처리하는 경우 시설이 손상될 수 있다. 탈착기로부터 증발되어 배출된 오염기체는 배기가스 처리 공정을 통해 대기로 방출되며, 처리된 토양은 무해한 경우 원래 위치로 되돌려진다.

열탈착은 가열 온도에 따라 고온 열탈착과 저온 열탈착으로 구분된다.

• 고온 열탈착

고온 열탈착(high temperature thermal desorption; HTTD)의 적정 가열온도는 300~500°C이며, 최종 오염 농도를 5 mg/kg 이하로 처리할 수 있다. 주로 준휘발성 유기물질, PAHs, PCBs, 휘발성 금속 등의 처리에 사용되며 휘발성 유기물질, 유류, 살충제 등은 처리 가능하

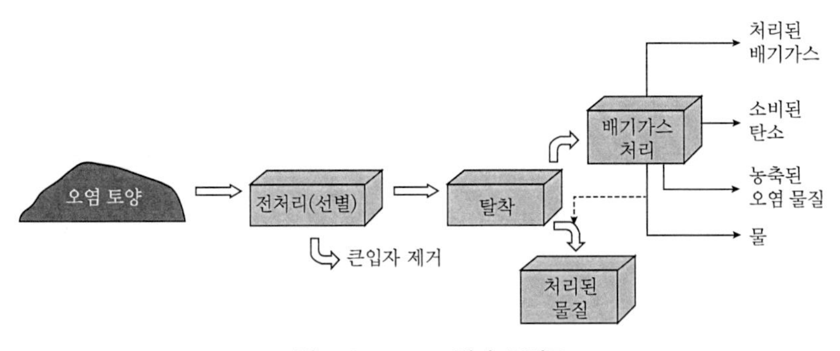

그림 4.21 HTTD 처리 공정도

지만 경제성이 떨어진다. 소각, 고형화·안정화, 탈염소화 기술과 결합하여 사용되기도 한다.

• 저온 열탈착

저온 열탈착(low temperature thermal desorption; LTTD)의 적정 가열 온도는 90~300°C이며, 난분해성 오염원에도 적용이 가능하다. 주로 비할로겐화 휘발성 유기화합물, 연료 등의 처리에 사용되며 준휘발성 유기물질은 처리 가능하지만 효율이 떨어진다. 오염물질을 95% 이상 제거할 수 있다.

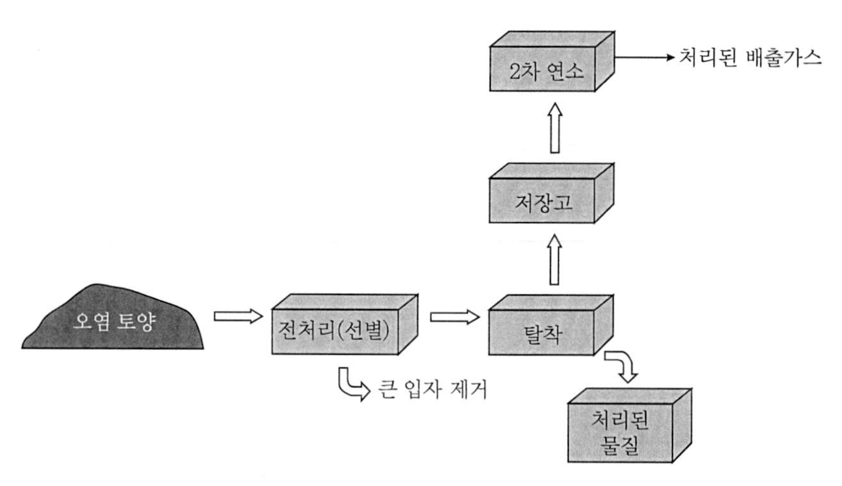

그림 4.22 LTTD 처리 공정도

③ 열분해

열분해(pyrolysis)의 적정 가열 온도는 400~800°C이며, 혐기성 조건에서 단기간에 유기물질을 분해시키는 기술이다. 열분해는 소각 및 열탈착과 유사한 열처리 기술이므로 이들 기술과 공정 등이 비슷하다.

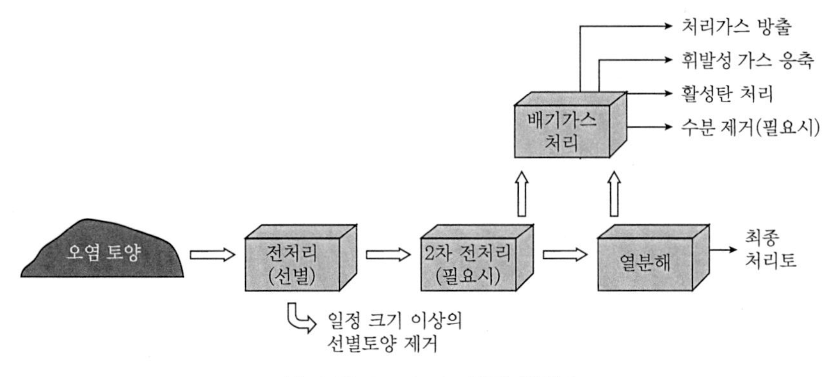

그림 4.23 Pyrolysis 처리 공정도

열분해는 비할로겐 및 할로겐 준휘발성 유기화합물의 처리에 탁월한 효과를 나타내며, 휘발성 유기화합물이나 유류로 오염된 토양의 정화에 적용할 수 있지만 무기물질, 방사성 물질, 화약류 등의 처리에는 효율이 떨어진다.

4.2.3 토양 경작

토양 경작(land farming)은 주로 토양 내 유류 오염원을 미생물이 분해하도록 유도하는 기술이다. 현장에서 굴착한 오염토양을 토양 경작 시설이 갖추어진 곳으로 이동시켜서 지표면에 깔아 놓고 호기성 생분해가 일어나도록 정기적으로 뒤집어주게 된다. 미생물이 유류 등 오염물질을 효과적으로 분해할 수 있도록 부족한 영양 물질을 보충해주기도 한다.

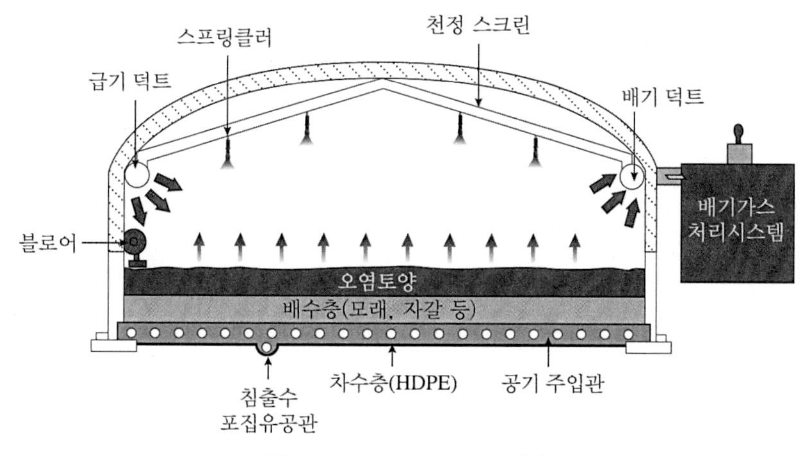

그림 4.24 Land farmimg 개념도

토양 경작은 넓은 공간이 필요하며, 분해가 어려운 오염원을 완전히 제거하는 데 오랜 시간이 소요되기도 한다. 무기 오염원은 미생물에 의한 생분해가 불가능하며, 휘발성 유기 오염원의 경우 대기 중으로 방출되어 공기를 오염시킬 수 있기 때문에 배기용 덕트(duct)로 포집해서 방출 전에 처리해야 한다.

4.2.4 퇴비화

퇴비화(composting)는 미생물이 오염토양 내에 존재하는 유기 오염물질을 효과적으로 분해할 수 있도록 공기, 온도, 수분 등을 인위적으로 조절하여 생분해를 촉진시키는 기술이다.

굴착된 오염토양을 호기성 상태로 유지시키면서 50~60°C의 온도에서 병원균을 소멸시키고 생물학적으로 분해하여 안정화시키기 때문에 적절한 온도를 유지시켜 주어야 한다. 유기물질이 분해될 때 발생하는 열과 인위적으로 주입하는 공기의 양으로 적절한 온도를 유지시킬 수 있다.

퇴비화의 효율을 향상시키기 위하여 물을 공급하여 적절한 수분 함량을 유지시키거나, 질소 및 인과 같은 영양원을 추가 공급하거나, 외부에서 배양된 미생물을 첨가하여 토착 미생물의 활성도를 높이기도 한다. 오염물질을 무독성의 유기물로 안정화시켜서 토양개량제 등으로 활용할 수 있다는 점이 토양 경작과 다른 점이다.

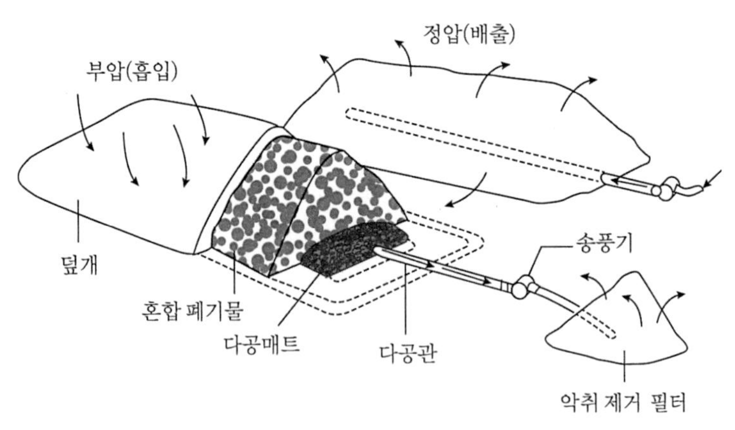

그림 4.25 Composting 개념도

표 4.16 토양에 따른 composting의 처리 효과

토양	적합	부분 적합	부적합
자갈			✓
중간 모래		✓	
가는 모래	✓		
미사	✓		
점토		✓	

표 4.17 오염물질에 따른 composting의 처리 효과

오염물질	적합	부분 적합	부적합
비할로겐 휘발성 유기물	✓		
할로겐 휘발성 유기물	✓		
폭발물	✓		
비할로겐 준휘발성 유기물		✓	
비할로겐 준휘발성 유기물		✓	
고분자 유류		✓	
무기물			✓

퇴비화는 토양 경작과 같이 넓은 공간이 필요하며, 팽화제(bulking agent)를 첨가하기 때문에 오염토양의 부피가 증가하게 된다. 미생물의 활성을 조절할 수 있기 때문에 기타 지상 처리기술에 비해 처리시간을 단축시킬 수 있고 공기, 온도, 수분 함량, pH 및 C/N비를 적절히 조절하여 정화 효율을 향상시킬 수 있다.

4.2.5 고형화 · 안정화

고형화 · 안정화(solidification/stabilisation)는 오염토양에 시멘트, 석회

등과 같은 무기접합제 혹은 아스팔트, 에폭시 등과 같은 유기접합제를 첨가하여 오염물질을 토양 내에 고정시키고 화학적으로 용해도를 낮추거나 무해한 형태로 변화시키는 기술이다.

고형화는 오염토양에 접합제를 첨가·혼합하여 토양, 오염물질, 접합제를 한 덩어리의 고체 상태로 만드는 것이며, 안정화는 오염토양에 접합제를 첨가하여 토양 내 오염물질을 불용해성 상태로 유지시키는 것을 의미한다. 고형화·안정화는 오염부지에서 오염물질을 제거 혹은 추출하는 것이 아니기 때문에 향후 오염물질의 용출(leaching) 가능성으로 인해 장기간의 관찰이 필요하다.

무기접합제는 비용이 저렴하고, 구입이 용이하고, 독성이 없으며, 장기적으로 안정적이다. 유기접합제는 가격이 비싸기 때문에 독성이 강한 산업폐기물이나 핵폐기물 등의 처리에 주로 사용된다.

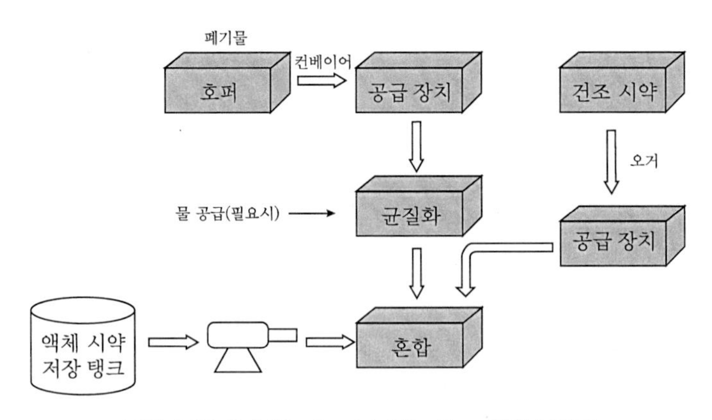

그림 4.26 Solidification/stabilisation 처리 공정도

표 4.18 토양에 따른 solidification/stabilisation의 처리 효과

토양	적합	부분 적합	부적합
자갈	✓		
중간 모래	✓		
가는 모래	✓		
미사		✓	
재		✓	
점토, 슬러지			✓

표 4.19 오염물질에 따른 solidification/stabilisation의 처리 효과

오염물질	적합	부분 적합	부적합
중금속	✓		
방사능 물질	✓		
준휘발성 유기물			✓
살충제			✓

지중 처리기술로도 활용이 가능한 고형화·안정화는 특히 중금속으로 오염된 토양을 정화하는 데 탁월한 효과가 있으며, 처리 비용이 비교적 저렴하여 경제적인 공법이다. 그러나 고형화를 위해 첨가하는 접합제로 인해 오염토양의 부피가 최대 두 배까지 증가할 수 있고, 휘발성 유기오염물질의 경우 토양 내에 고정시키기 곤란하고, 복합 오염물질로 오염된 토양의 경우 처리 시간이 길어질 수 있다.

4.2.6 유리화

유리화(vitrification)는 굴착한 오염토양을 전기적으로 용융(melting)

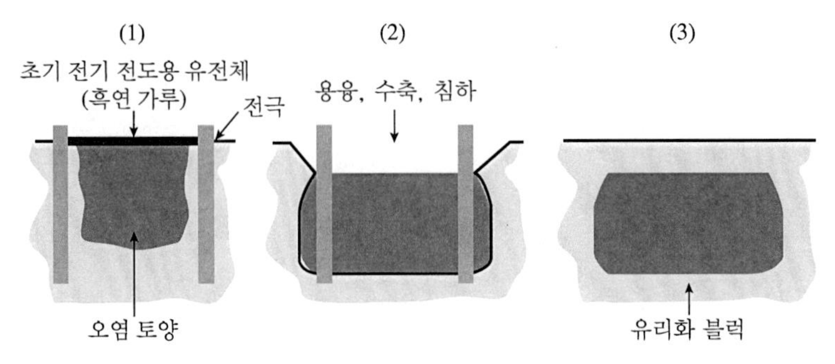

그림 4.27 Vitrification 개념도

시켜서 오염물질이 용출될 수 없는 고밀도 결정 구조로 변환시키는 기술이다. 오염토양에 전류를 가하여 발생된 열을 이용하므로 열처리로 분류되기도 하지만, 오염물질의 이동성을 감소시킨다는 점에서 고형화·안정화와 유사한 기술이다.

유기오염원은 파괴하고 무기오염원을 고정시키는 데 효과적이며, 특히 중금속이나 방사성 물질의 처리에 탁월한 효과가 있다. 유류, VOCs, 화약류 등의 처리에는 효과가 감소되며, 현장 적용 시 고려해야 할 영향 인자는 열을 이용한다는 점에서 열처리 기술과 유사하다.

유리화는 지중 처리기술로도 활용이 가능하지만 고가의 비용이 소요되므로 광범위한 지역이 오염된 경우 비경제적이다. 토양 내에 존재하는 오염물질의 농도를 감소시키는 것이 아니라 오염물질의 이동성을 완벽히 차단시킬 수 있기 때문에 고형화·안정화보다 확실한 처리 기술이다.

MEMO

MEMO

MEMO

MEMO

Chapter 5

굴착 및 흙막이

5.1 굴착

건설공사에서 보통 심도 1~2 m 정도는 연직으로 굴착할 수 있지만, 지반이 연약하여 붕괴 가능성이 있는 경우 연직으로 굴착한 벽면을 보강하거나 경사를 주어 굴착하여 주변 구조물에 영향을 주지 않도록 하여야 한다.

5.1.1 법면굴착

법면굴착(slope open cut)은 무너지지 않을 정도의 경사를 유지하면서 계획 심도까지 굴착하는 기술로 지반이 연약하지 않고, 지하수위가 계획 심도보다 깊고, 인접한 장애물이 없는 경우 적합하다.

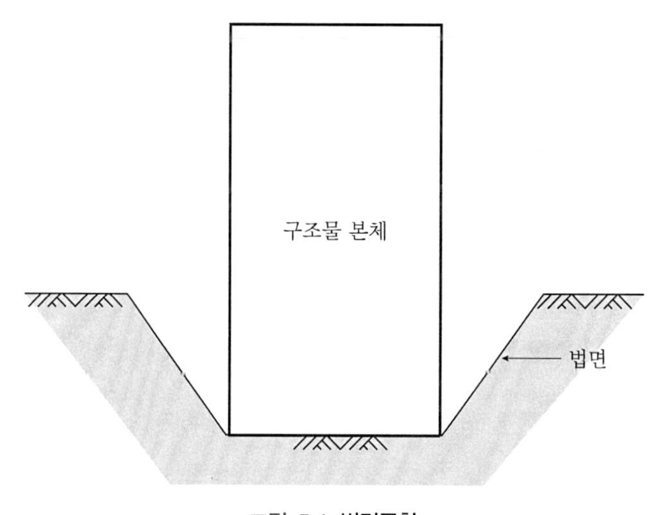

그림 5.1 법면굴착

법면굴착은 흙막이에서 사용하는 버팀대(strut) 등 지보공이 없기 때문에 기계화 시공이 가능하지만, 굴착 심도가 깊은 경우 터파기량과 되메우기량이 많아져서 비경제적이다.

5.1.2 흙막이

흙막이(earth retaining method)는 토압에 의한 토사의 붕괴를 방지할 수 있는 가설구조물을 설치하고 연직으로 계획 심도까지 굴착하는 기술로 지반이 연약하고, 지하수위가 계획 심도보다 높고, 인접한 장애물이 있는 경우 적합하다.

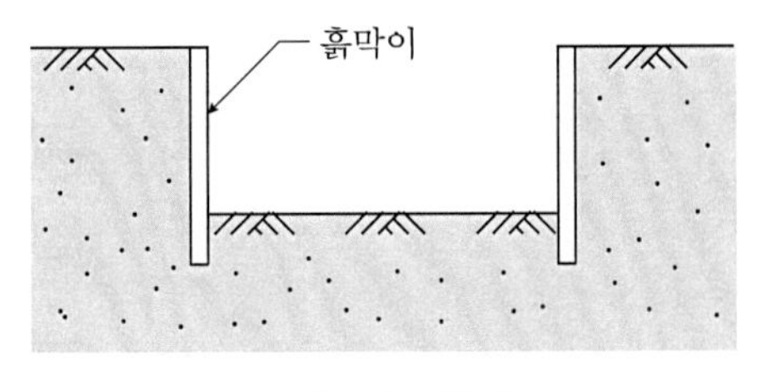

그림 5.2 흙막이

굴착 심도가 깊은 경우 버팀대(strut), 레이커(raker), 어스앵커(earth anchor), 소일네일(soil nail) 등 지보공을 이용하여 지지하며 굴착해야 한다.

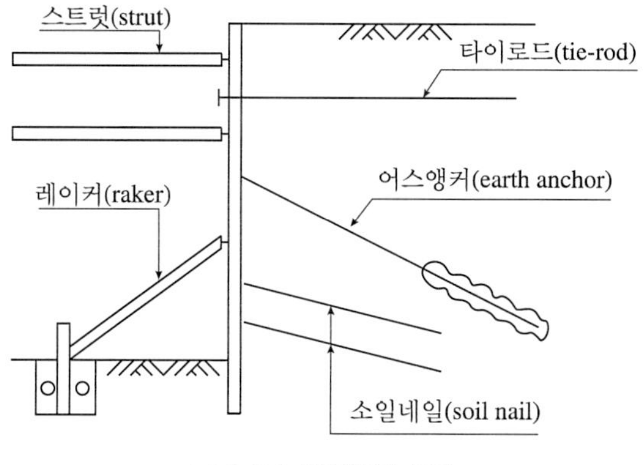

그림 5.3 지보공의 종류

5.1.3 아일랜드 공법

아일랜드 공법(island cut method)은 그림 5.4에 나타낸 바와 같이 굴착 폭이 넓은 경우 흙막이굴착과 법면굴착을 절충해서 굴착하는 기술로 다음과 같은 절차에 따라 시공한다.

① 굴착 부지 외곽을 따라 흙막이 벽체를 시공한다.

② 흙막이 벽체가 자립할 만큼의 비탈면을 남기고 중앙부를 굴착한다.

③ 중앙부에 계획 구조물의 일부를 시공한다.

④ 중앙부에 시공한 계획 구조물과 흙막이 벽체 사이에 버팀대를 설치한다.

⑤ 비탈면을 굴착하고 주변부의 계획 구조물의 일부를 시공한다.

아일랜드 공법은 지보공이 짧기 때문에 안정적으로 굴착할 수 있지만, 계획 구조물을 분할해서 시공해야 하기 때문에 공사 기간 및 비용이 증가한다.

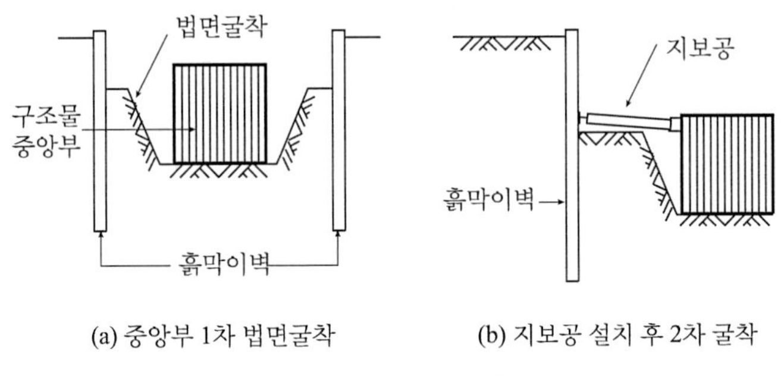

(a) 중앙부 1차 법면굴착　　(b) 지보공 설치 후 2차 굴착

그림 5.4 아일랜드 공법

5.1.4 트렌치 공법

트렌치 공법(trench cut method)은 그림 5.5에 나타낸 바와 같이 굴착 폭이 넓은 경우 굴착하는 기술로 다음과 같은 절차에 따라 시공한다.

① 굴착 부지 외곽을 따라 2열로 설치한 흙막이 벽체의 내측을 굴착한다.

② 계획 구조물의 외곽 부분을 시공한다.

③ 완공된 계획 구조물의 외곽 부분을 흙막이로 이용하여 중앙부를 굴착한다.

④ 중앙부에 계획 구조물의 중앙 부분을 시공한다.

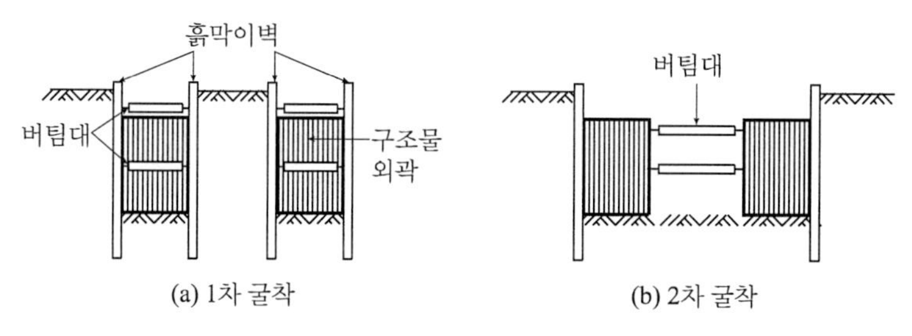

(a) 1차 굴착 (b) 2차 굴착

그림 5.5 트렌치 공법

트렌치 공법도 아일랜드 공법과 같이 지보공이 짧기 때문에 안정적으로 굴착할 수 있지만, 계획 구조물을 분할해서 시공해야 하기 때문에 공사 기간 및 비용이 증가한다.

5.1.5 역타 공법

역타 공법(top down method)은 그림 5.6에 나타낸 바와 같이 기둥과 계획 구조물의 벽체(흙막이)를 포함한 기초 공사를 우선 시행한 후 굴착과 함께 지상에서부터 지하로 내려가면서 계획 구조물을 시공하

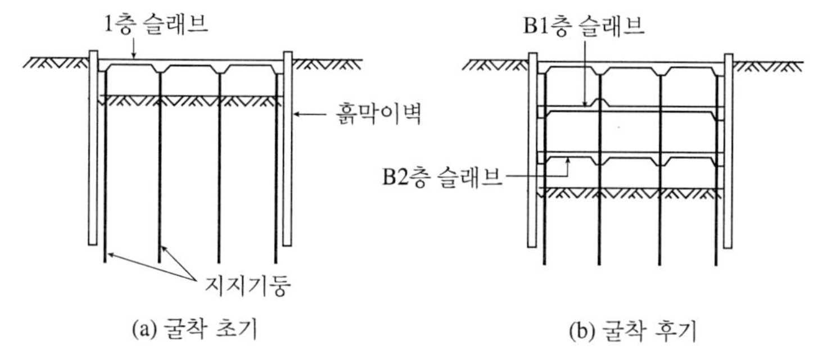

(a) 굴착 초기 (b) 굴착 후기

그림 5.6 역타 공법

는 기술이다.

역타 공법은 지하벽체와 슬래브(slab)를 지보공으로 이용하기 때문에 안정성이 좋지만 작업 공간이 좁고 굴착과 구조물의 시공이 교대로 이루어지기 때문에 작업 효율이 떨어진다.

5.1.6 케이슨 공법

케이슨 공법(caisson method)은 그림 5.7에 나타낸 바와 같이 지하층 전체를 지상에서 시공한 후 계획 심도까지 굴착하여 지상에서 시공한 지하층을 이동하여 설치하는 기술로 오픈케이슨, 박스케이슨 및 뉴메틱케이슨 등이 있다.

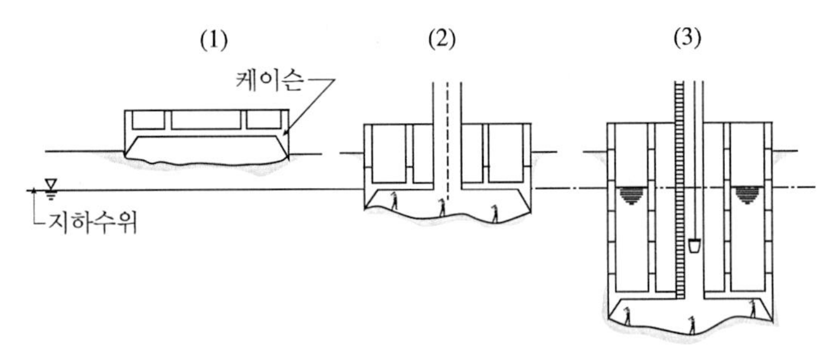

그림 5.7 케이슨 공법

5.2 흙막이

흙막이란 굴착 공사 시, 굴착면의 붕괴 및 토사의 유입을 방지하기 위한 구조물을 말하며 흙막이 벽체의 종류에 따라 가설 구조물과 영구 구조물로 구분된다. 다양한 종류의 흙막이 공법이 있으며 지반 조건, 주변 상황, 시공 규모, 공사 기간 및 비용 등을 고려하여 적절한 공법을 선정해야 한다.

5.2.1 엄지말뚝-토류판 벽체

우선 엄지말뚝(H-pile)을 일정한 간격으로 지중에 관입한 후, 굴착하면서 토류판을 H-pile 사이에 끼워 넣어 흙막이 벽체를 설치하는 기술로 보통 지하수위가 낮은 경우 적용한다.

토류판은 단계별 굴착(0.5 m 이내)을 통해 배면의 흙과 토류판이 밀착되도록 즉시 설치해야 한다. 굴착 시 여굴(overcutting)을 최소화하여 토류판 배면에 공동(빈 공간)이 발생되지 않도록 하며, 양질의 토사로 충분한 뒤채움과 다짐(봉다짐, 물다짐 등)을 실시하여 배면토

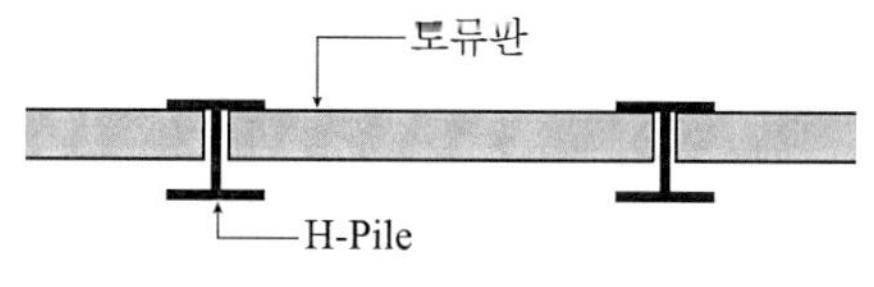

그림 5.8 엄지말뚝-토류판 [평면도]

의 변형(i.e. 침하)을 방지하여야 한다.

엄지말뚝–토류판 벽체는 차수가 곤란하고 벽체의 변형이 크기 때문에 주변 구조물에 피해를 줄 수 있고 보일링, 히빙, 파이핑에 취약하고 투수성이 큰 지반에서는 수위 조절이 불가능하지만 가장 경제적인 공법으로 H-pile과 토류판을 회수해서 재사용이 가능하기 때문에 우리나라에서 가장 많이 사용되는 흙막이 공법 중 하나이다.

5.2.2 강널말뚝 벽체

강널말뚝(steel sheet pile)은 지하수위가 높은 연약지반에 널리 사용되는 대표적인 차수성 흙막이 공법이다. 우선 강널말뚝을 지중에 관입하고 그림 5.10에 나타낸 바와 같이 지중에 관입되어 있는 강널말뚝의 연결부(interlocking)에 관입하고자 하는 강널말뚝을 끼워 맞춰서 관입함으로써 지중에 연속벽체를 설치하는 기술이다.

강널말뚝은 차수성 및 연속성이 우수하여 토사의 유출이 거의 없고 연약지반에 대규모로 시공이 가능하지만 풍화암보다 견고한 암반에서는 시공이 곤란하고 벽체의 변위가 크고 소음 및 진동으로 도심지에서 시공이 곤란하다.

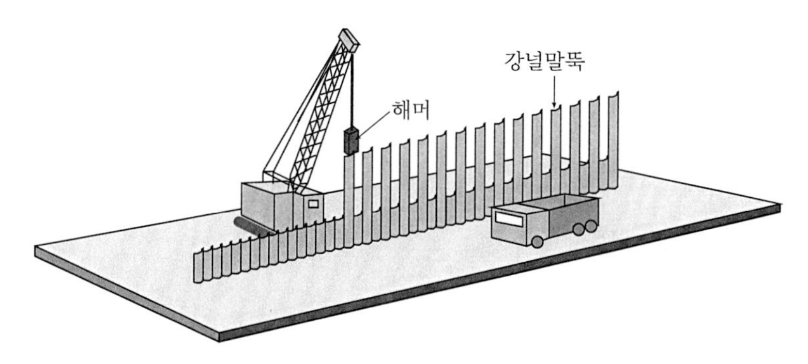

그림 5.9 강널말뚝 시공

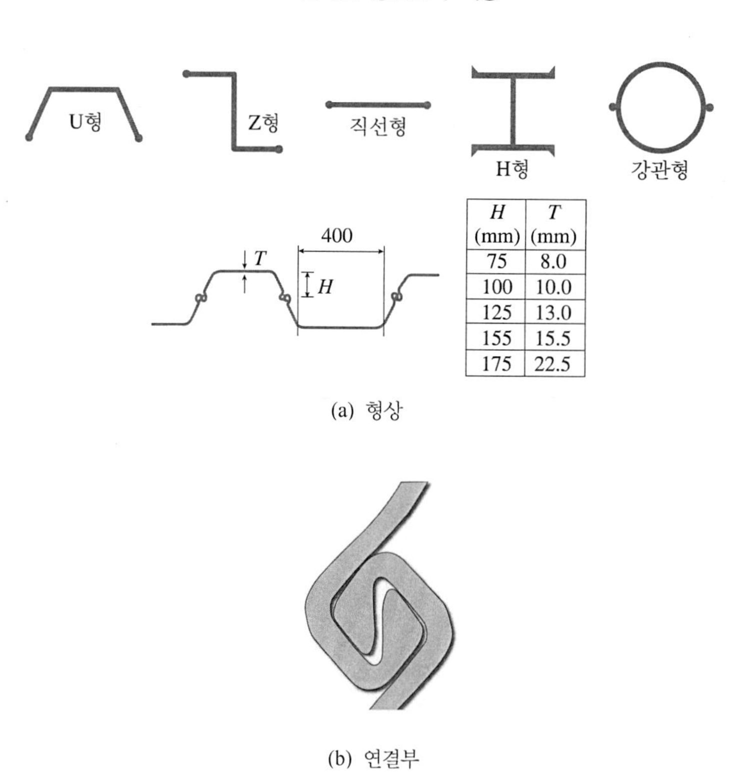

H (mm)	*T* (mm)
75	8.0
100	10.0
125	13.0
155	15.5
175	22.5

(a) 형상

(b) 연결부

그림 5.10 강널말뚝의 형상 및 연결부

5.2.3 주열식 벽체

주열식 벽체(cast in placed; CIP)는 우선 오거(auger)를 이용하여 지반을 천공(boring)하고 공벽 붕괴를 방지하기 위한 케이싱(casing)을 시추공(bore-hole)에 관입하고 철근망(또는 H-pile) 및 자갈을 타설한 뒤 시멘트 페이스트(paste)를 주입하고 케이싱을 해체함으로써 지중에 콘크리트 기둥을 형성하는 기술로 이와 같은 과정을 반복하여 굴착 이전에 콘크리트 기둥으로 연결된 주열식(peristyle) 벽체를 설치할 수 있다.

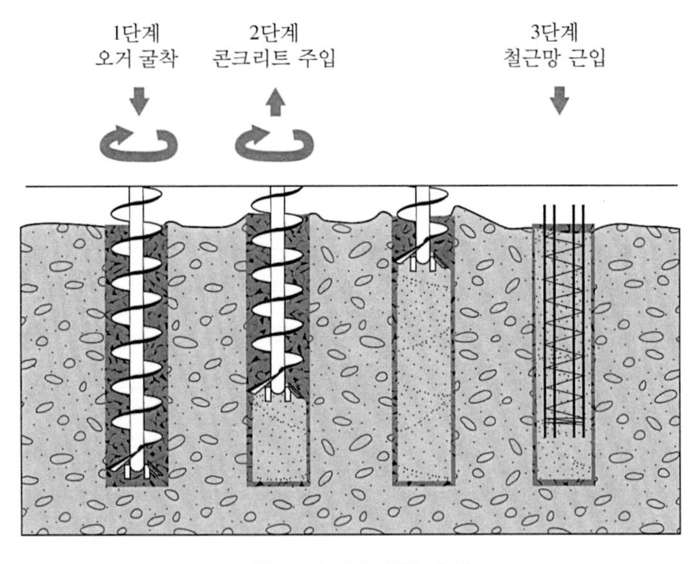

그림 5.11 CIP 시공 순서

CIP는 강성이 좋고, 견고한 지반에 시공이 가능하며, 소음 및 진동이 적고, 차수성이 양호하여 굴착 시 지하수의 유출이나 보일링 및 히빙이 예상되는 지층에 적용이 가능하지만, 공사 비용이 높은 편이고 공사 기간이 길다. 대심도 굴착 시 수직도를 유지하기 어렵기 때문에 철저한 관리가 필요하다.

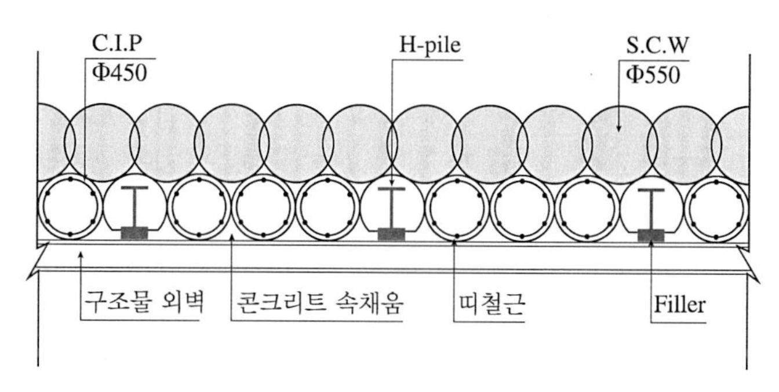

그림 5.12 주열식 벽체(CIP + SCW) [평면도]

CIP의 시공 시 기둥과 기둥 사이에 틈이 생기면 지하수 및 토사가 유출될 수 있기 때문에 그림 5.12에 나타낸 바와 같이 SCW, 시멘트 그라우팅, LW그라우팅 등 별도의 차수 공법을 병행해야 하며 지하수 및 배면토의 유출은 주변 지반의 침하를 유발할 수 있으므로 주의해야 한다.

5.2.4 흙-시멘트 벽체

흙-시멘트 벽체(soil cement wall; SCW)는 CIP와 유사한 기술이지

만 천공을 하는 것이 아니라 오거를 이용하여 흙을 교란시킨 후 시멘트 페이스트와 혼합하여 경화시키는 차이점이 있다.

우선 오거(auger)의 회전력을 이용하여 계획 심도까지 흙을 교란시킨 후 오거 선단에서 시멘트 페이스트를 주입하여 교란된 흙과 혼합하면서 인발한 후 H-pile을 압입(press inserting)함으로써 지중에 흙과 시멘트가 혼합된 기둥을 형성하는 기술로 이와 같은 과정을 반복하여 굴착 이전에 흙–시멘트 기둥으로 연결된 주열식 벽체를 설치할 수 있다.

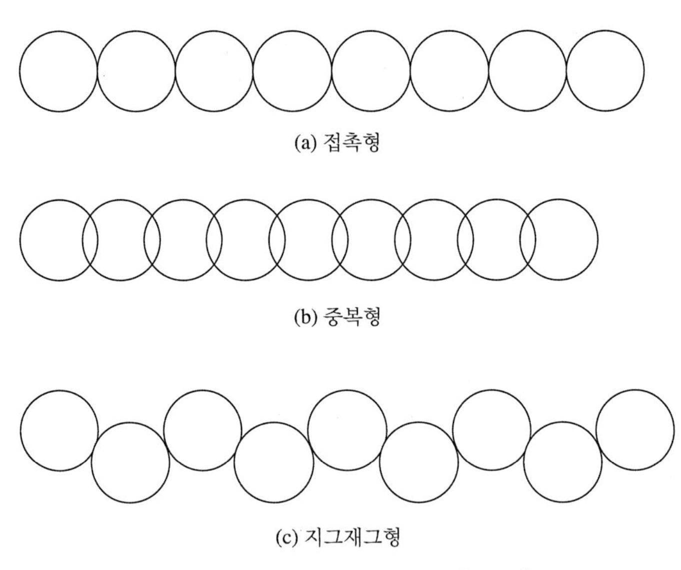

그림 5.13 주열식 벽체의 연결 [평면도]

SCW는 소음 및 진동이 적고, 차수성이 매우 좋기 때문에 지하수위가 높고 강성이 크지 않은 지반에 적합하지만, 대형 장비의 사용으로 인해 협소한 지역이나 교통이 혼잡한 도심 지역에서 시공이 곤란하고 토층의 변화가 심한 지반에서 시공에 어려움이 있다.

5.2.5 슬러리월

슬러리월(slurry wall)은 1950년대 초 이탈리아에서 처음 개발되었으며 지하연속벽(diaphragm wall)이라고도 한다. 슬러리월은 시공 후 볼록한 형태의 주열식 벽체와 달리 벽면이 평평하기 때문에 지하 구조물의 벽체로 직접 활용할 수 있다.

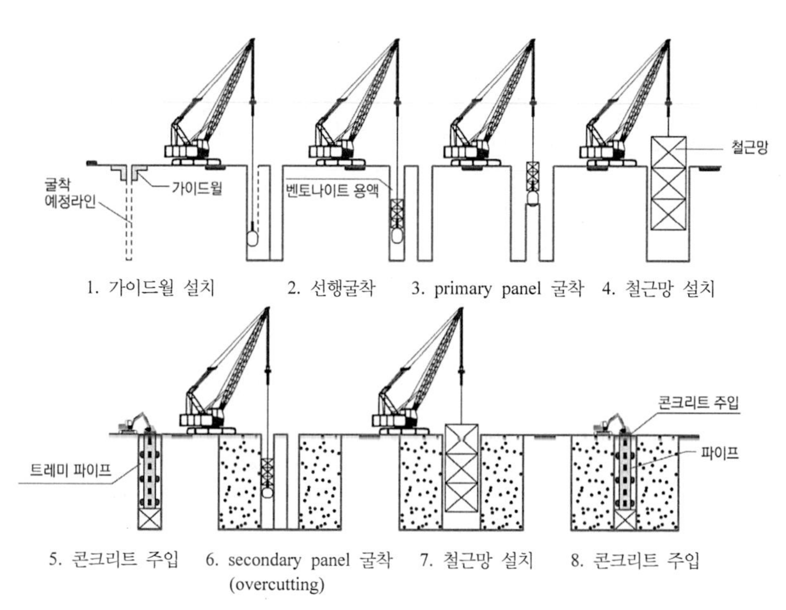

그림 5.14 슬러리월 시공 순서

슬러리월의 시공 순서는 다음과 같다.

① 안내벽(guide wall)을 설치하고 크레인(crane)에 장착된 행그랩 (hang grab)을 이용하여 선행굴착을 실시한다.

② 트렌치커터(trench cutter)를 이용하여 일정한 폭으로 계획 심도까지 패널굴착(i.e. primary panel)을 시행한다. 이때 굴착한 트렌치에 굴착면의 붕괴나 지하수의 유입을 방지하기 위하여 안정액(i.e. bentonite slurry)을 주입한다.

③ 굴착이 완료되면 트렌치 안에 남아있는 흙을 제거하고, 철근망 (steel cage)과 시멘트 페이스트(cement paste) 주입용 트레미 파이프(tremie pipe)를 설치한다.

④ 트레미 파이프를 통해 트렌치 하단에서부터 시멘트 페이스트를 주입하면서 안정액을 회수한다.

⑤ 기초 패널(primary panel) 내 시멘트가 고화되어 콘크리트 벽체가 형성되는 동안 기초 패널의 양측에 2차 패널(secondary panel)을 굴착하기 위한 간격을 두고 연속해서 기초 패널을 시공한다.

⑥ 기초 패널이 순차적으로 고화되어 콘크리트 벽체가 완성되면 기초 패널과 기초 패널 사이에 패널굴착(i.e. secondary panel)을

시행한다. 이때 기초 패널의 일부가 여굴(overcutting)되면서 기초 패널과 2차 패널이 일체가 되도록 한다.

⑦ 패널굴착이 완료되면 철근망 및 시멘트 페이스트를 주입하여 2차 패널을 완성한다. 이와 같은 과정을 반복하여 각각의 콘크리트 패널로 연결된 연속벽체를 굴착 이전에 지중에 설치한다.

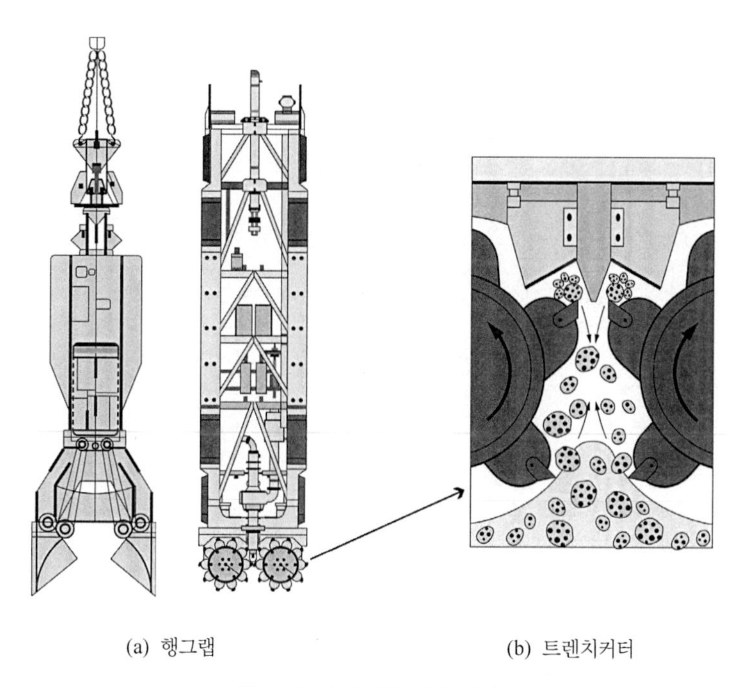

(a) 행그랩 (b) 트렌치커터

그림 5.15 슬러리월 시공 장비

슬러리월은 소음과 진동이 적고, 벽체의 강성이 좋기 때문에 다른 공법에 비해 안전하며, 차수성이 우수하고, 지반의 조건에 따른 영향이 적고, 대규모 굴착 및 대심도 굴착이 가능하고, 대지의 경계선까지 시공이 가능하기 때문에 지하 공간을 최대한 이용할 수 있고, 영구 벽체로 사용이 가능하지만 공사 기간이 길고 공사비가 비싸다.

5.2.6 흙막이 지보방식

흙막이 지보방식은 지반의 강성, 지하수위, 시공 면적, 주변 환경, 기계화 시공의 가능성, 굴착심도, 공사 기간 및 비용 등을 고려하여 선정해야 한다.

(1) 자립식

자립식 흙막이의 자립고(self-supporting height)는 대략 5~6 m이므로 지반이 비교적 견고하고 굴착심도가 깊지 않은 경우 적합하다. 굴착 시 흙막이 벽체의 강성(휨저항) 및 근입 부분에 작용하는 토압(수동토압)으로 배면지반의 토압(주동토압)을 지지하는 방식이다.

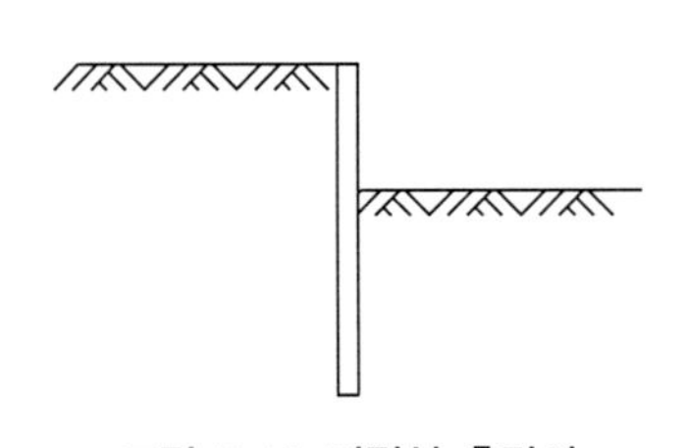

그림 5.16 자립식 흙막이

(2) 버팀대식

버팀대식 흙막이는 지중에 흙막이 벽체를 관입한 후 굴착이 진행됨에 따라 흙막이 배면토압에 의한 벽체의 변형 및 붕괴를 방지하기 위하여 버팀대(strut)를 설치하여 토압을 반대 측 흙막이 벽체에 전달하는 방식이다.

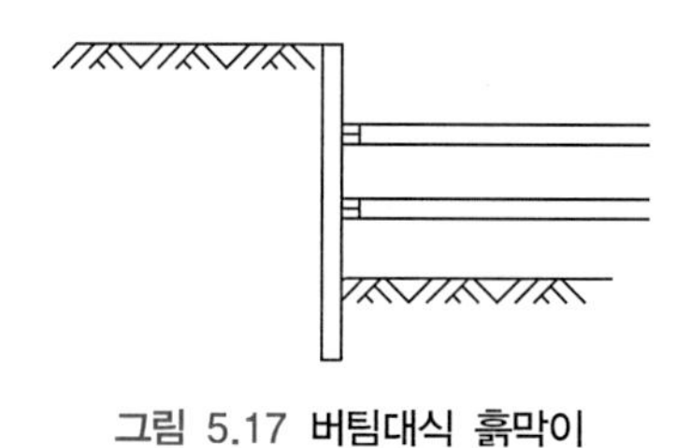

그림 5.17 버팀대식 흙막이

버팀대식 흙막이의 시공 순서는 다음과 같다.

① 우선 지중에 흙막이 벽체를 시공한 후, 굴착이 진행됨에 따라 버팀대를 설치하여 배면토압을 지지하면서 단계별로 굴착한다.

② 계획심도까지 굴착이 완료되면 구조물의 시공 및 되메우기와 함

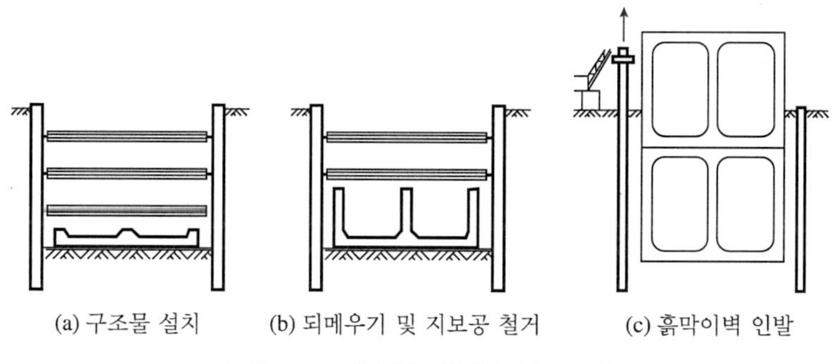

그림 5.18 버팀대식 흙막이 시공 순서

께 올라가면서 순차적으로 버팀대를 철거한다.

③ 구조물의 시공 및 되메우기가 완료되면 가시설 흙막이 벽체는 인발하여 재사용하고 영구 흙막이는 매몰한다.

굴착 폭이 넓어서 버팀대의 길이가 길어지면 흙막이 벽체의 수평변위가 커지고 따라서 버팀대식 흙막이의 안정성도 저하된다. 굴착심도가 깊은 경우, 기계화 시공이 곤란하고 계획 구조물의 시공에도 제약을 받기 때문에 버팀대의 설치 간격이 넓거나 굴착심도가 깊은 경우, 앵커식 흙막이의 적용을 검토해야 한다.

(3) 앵커식

앵커식 흙막이는 그림 5.19에 나타낸 바와 같이 흙막이 벽체의 배면에 설치한 인장부재의 저항에 의해 배면토압을 지지하는 방식이다. 따라서 주변에 매설물이나 지하 구조물이 존재하는 경우 적용할 수 없지만, 인장저항을 충분히 발휘할 수 있는 견고한 지반에 매우 효과적이다.

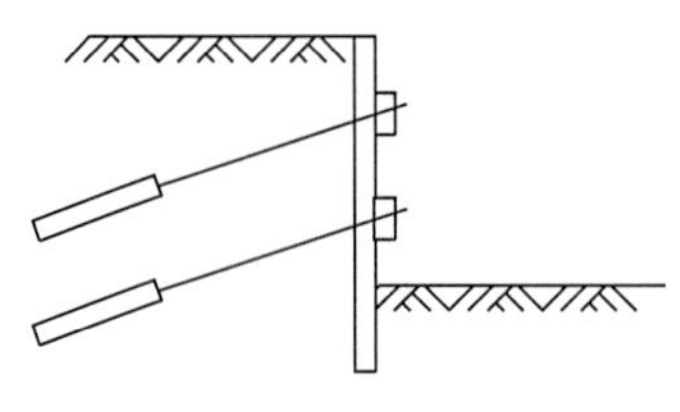

그림 5.19 **앵커식 흙막이**

사질토 지반에서 굴착심도가 깊거나 지하수위가 높으면 앵커(anchor)의 설치가 곤란한 경우도 있지만, 기계화 시공이 비교적 자유롭고 자립식 흙막이로 배면토압을 지탱할 수 없거나 지하 구조물의 시공이 복잡하거나 굴착 면적이 넓어서 버팀대식 흙막이를 적용할 수 없는 경우 적합하다.

5.3 굴착 시 안정검토

5.3.1 보일링

보일링(boiling)은 흙막이 벽체 부근 굴착저면으로 물이 유입되면서 흙이 액체와 같이 변하는 현상을 말한다. 사질토 지반에서 굴착심도가 지하수면보다 깊은 경우, 그림 5.20에 나타낸 바와 같이 흙막이

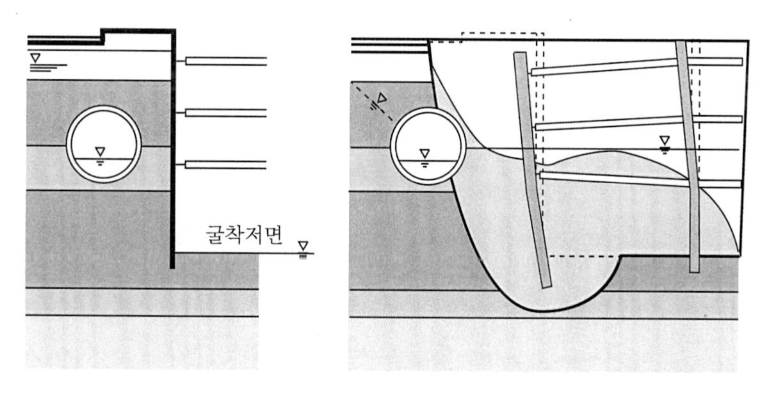

그림 5.20 보일링

배면의 수위와 굴착면의 수위 차이로 인해 굴착저면으로 침투류가 발생하여 모래 입자가 함께 분출되어 지지력이 감소하여 흙막이가 붕괴되기도 한다.

보일링에 대한 대책은 다음과 같다.

① 흙막이 배면지반의 배수처리(노면 배수시설 등)를 통해 지표수의 침투를 감소시켜서 배면지반의 지하수위가 상승하지 못하도록 한다.

② 차수공법(LW 등)과 지하수위 저하공법(웰포인트 공법 등)을 적용하여 흙막이 벽체 배면의 수위를 낮춰주어서 굴착저면과의 수두차를 감소시킨다.

③ 흙막이 벽체의 근입심도를 깊게 하여 유선을 길게 한다. 그러나 근입심도가 너무 깊으면 경제성이 떨어진다.

④ 흙막이 벽체의 근입심도를 깊게 할 수 없는 경우, 차수성 흙막이공법(CIP, 심층혼합처리, 약액 주입 등)을 적용한다.

5.3.2 히빙

히빙(heaving)은 연약지반에서 흙막이 공사를 수행하는 경우 굴착저면이 부풀어 오르는 현상을 말한다. 그림 5.21에 나타낸 바와 같이 점성토 지반에서 흙막이 배면토의 하중을 충분히 지지할 수 없게 되면 흙이 밀려서 굴착저면이 부풀어 오르게 된다.

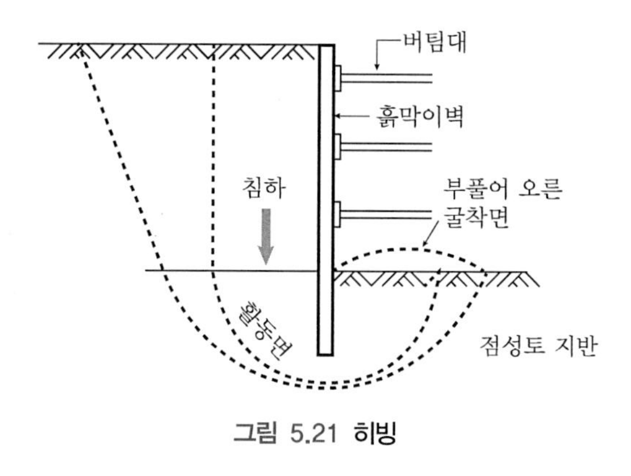

그림 5.21 히빙

5.3.3 측방유동

측방유동은 그림 5.22에 나타낸 바와 같이 연약지반에 설치된 옹벽 등 구조물의 배면에 시공한 성토하중으로 인해 연약지반에 소성변형을 일으키면서 지반이 수평으로 이동하는 현상을 말한다.

측방유동에 영향을 주는 요소는 배면성토에 의한 측방토압, 연약지층의 두께 및 강도, 배면 성토재의 단위중량, 구조물의 기초 형식 등이 있다.

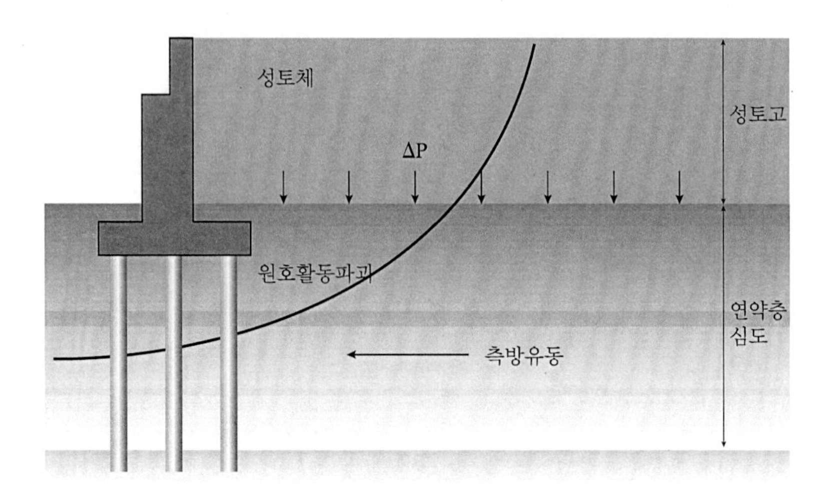

그림 5.22 **측방유동**

MEMO

MEMO

MEMO

MEMO

Appendix

토압 및
사면 해석

1 토압

흙이 무너지지 않도록 지지해 주는 구조물을 흙막이 혹은 토류구조물 (earth retaining structure)이라고 하며, 토류벽에 수평 방향으로 작용하는 흙의 압력을 토압(lateral earth pressure)이라 한다.

일반적으로 정지해 있는 물속에서 수압은 모든 방향에서 압력의 크기가 같지만, 지반에서 작용하는 토압은 수평토압 σ_h와 연직토압 σ_v의 크기가 서로 다르며 다음 식으로 나타낼 수 있다.

$$\sigma_h = K\sigma_v = K\gamma z \tag{1}$$

여기서, K = 토압계수

γ = 흙의 단위중량

z = 지표로부터의 거리

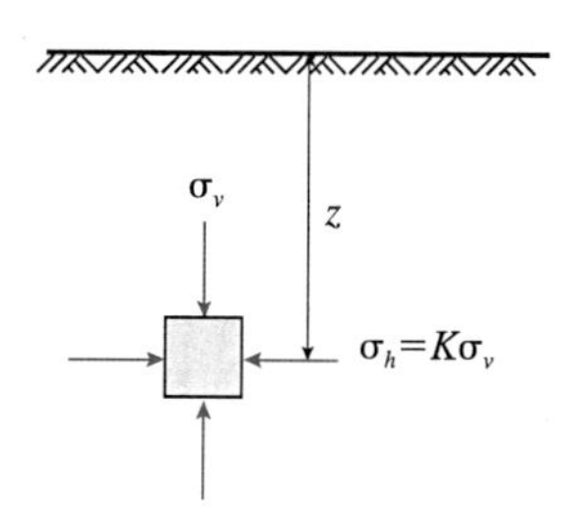

그림 1 수평토압 및 연직토압

토압 계수 K는 연직토압에 대한 수평토압의 비를 의미하며, 토압의 종류에 따라 크기가 다른 값이 된다.

토압은 정지토압, 주동토압, 수동토압으로 구분할 수 있다.

• 정지토압

정지토압(earth pressure at rest)은 수평 방향 변위 없이 흙이 완전히 정지되어 있을 때 구조물에 작용하는 토압을 말한다.

• 주동토압

주동토압(active earth pressure)은 흙이 벽체를 밀어서 수평 방향으

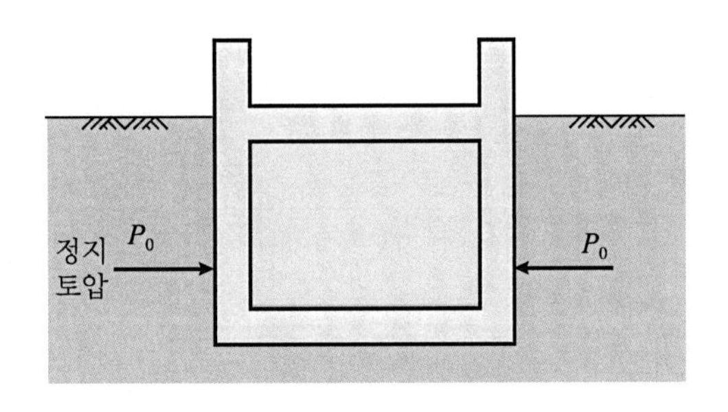

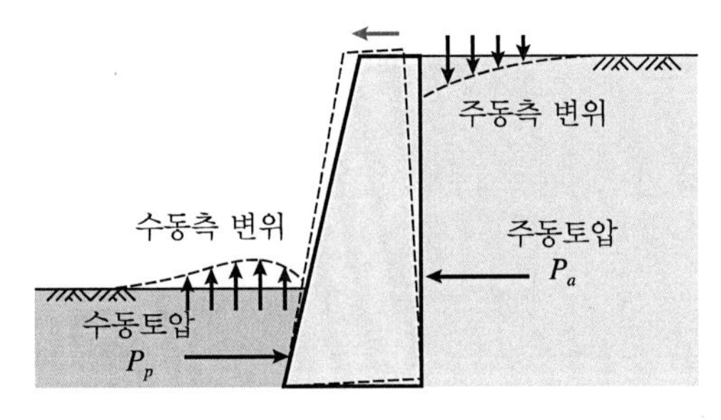

그림 2 정지토압, 주동토압, 수동토압

로 인장변형이 발생되어 파괴될 때의 토압을 말한다.

- 수동토압

수동토압(passive earth pressure)은 벽체가 흙을 밀어서 수평 방향으로 압축변형이 발생되어 파괴될 때의 토압을 말한다.

1.1 정지토압

정지토압은 지하시설이나 암거(box culvert)와 같이 벽체의 변위가 거의 발생하지 않는 구조물에 작용하는 수평토압을 구할 때 사용되며, 다음 식으로 나타낼 수 있다.

$$\sigma_h = K_o \sigma_v = K_o \gamma z \tag{2}$$

여기서, K_o = 정지토압계수

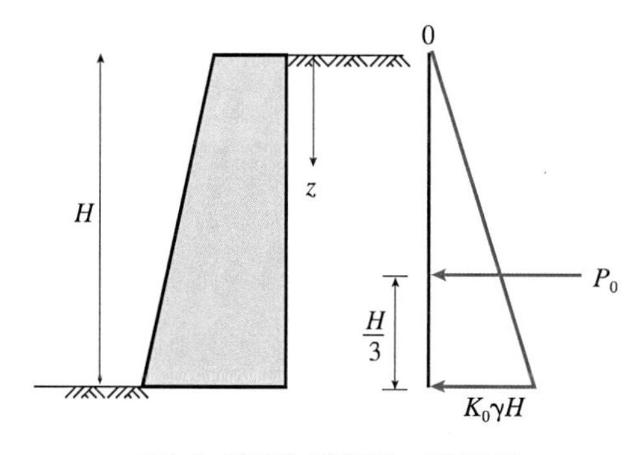

그림 3 벽체에 작용하는 정지토압

그림 3에서 벽체에 작용하는 정지토압(수평응력 σ_h)을 식 (2)를 이용하여 구하면 벽체의 상단($z=0$)에서 $\sigma_h=0$, 하단($z=H$)에서 $\sigma_h = K_o \gamma H$가 되며 z가 증가할수록 토압이 직선적으로 증가하는 삼각형 분포가 된다. 따라서 벽체에 작용하는 전체 정지토압 P_o는 삼각형의 면적과 같다.

$$P_o = \frac{1}{2}(K_o \gamma H) \times H = \frac{1}{2} K_o \gamma H^2 \tag{3}$$

전체 정지토압 P_o는 삼각형의 도심에 작용하므로 벽체 하단에서부터 $\frac{H}{3}$ 높이에서 지표면과 평행하게 작용한다.

정지토압계수 K_o는 표 1에 나타낸 바와 같이 흙의 종류나 지반의 형성 과정에 따라 다르지만, 균질한 지반의 경우 깊이에 관계없이 일정한 값을 나타낸다.

표 1 정지토압계수 값

흙의 종류	K_o
모래	0.5~0.6
다져진 모래	1.0~1.5
정규압밀 점토	0.4~0.5
과압밀 점토	1.0~4.0
다져진 점토	1.0~6.0

정지토압계수 값은 다음의 경험식을 이용하여 구할 수 있다.

• 사질토

$$K_o = 1 - \sin\phi \qquad (4)$$

여기서, ϕ = 흙의 내부마찰각

• 정규압밀 점토

$$K_o = 0.95 - \sin\phi \qquad (5)$$

• 과압밀 점토

$$K_o = (0.95 - \sin\phi)\sqrt{OCR} \qquad (6)$$

여기서, OCR = 과압밀비

1.2 벽체 변위에 따른 토압의 변화

일반적으로 벽체에 변위가 발생하게 되면 토압은 정지상태에서 주동

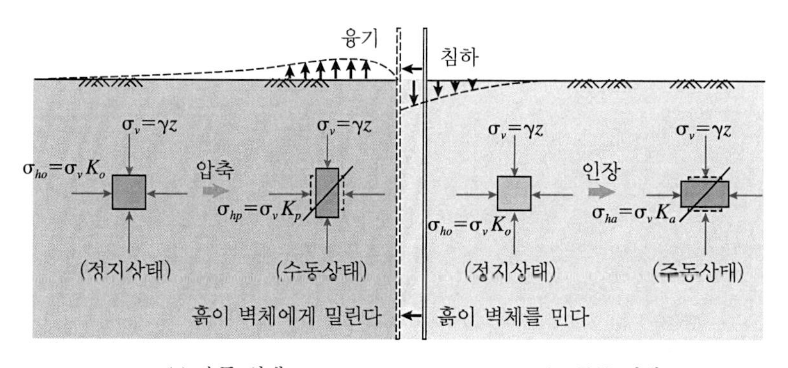

(a) 수동 상태 (b) 주동 상태

그림 4 벽체 변위에 의한 토압의 변화

상태(active state) 및 수동상태(passive state)로 변화하게 된다.

그림 4(a)에 나타낸 바와 같이 수평변위가 발생하여 벽체가 좌측으로 밀리게 되면 정지상태에서 흙이 압축되어 토압이 증가하다가 결국 파괴에 이르게 되는데 이때의 토압을 수동토압이라 하며 지표면에서는 지반이 부풀어 오르는 융기가 발생하게 된다.

반대로 그림 4(b)에 나타낸 바와 같이 수평변위가 발생하여 벽체가 좌측으로 밀리게 되면 정지상태에서 흙이 인장되어 토압이 감소하다가 결국 파괴에 이르게 되는데 이때의 토압을 주동토압이라 하며 지표면에서는 지반이 가라앉는 침하가 발생하게 된다.

토압의 크기는 수동토압 $\sigma_p >$ 정지토압 $\sigma_h >$ 주동토압 σ_a이므로, 토압계수의 크기도 수동토압계수 $K_p >$ 정지토압계수 $K_o >$ 주동토압계수 K_a가 된다.

1.3 주동토압

그림 5(a)에서 벽체에 변위가 없다면 정지상태이므로 벽체에 작용하는 정지토압 σ_h는 $K_o\sigma_v$이며, 이때의 응력 조건은 그림 5(b)에 나타낸 바와 같이 정지상태의 Mohr원이 파괴포락선 아래에 있으므로 안정된 상태이다.

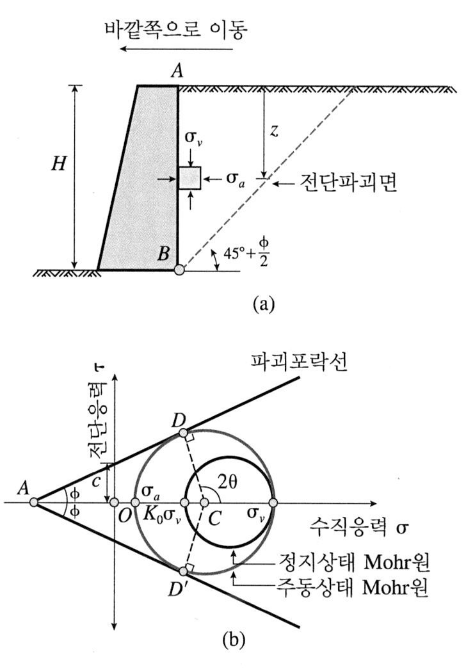

그림 5 Rankine의 주동상태

벽체의 바깥쪽으로 수평변위가 발생하면 벽체 배면의 흙은 인장되기 때문에 정지상태에서의 수평응력 σ_h는 감소하게 된다. 따라서 그림 5(b)의 $K_o\sigma_v$가 감소함에 따라 Mohr원은 점차 커지다가 파괴포락선에 접하게 되는 소성평형상태에 도달하여 전단파괴에 이르게 된다. 이때의 수평응력 σ_h를 Rankine의 주동토압 σ_a라 한다.

그림 5(b)의 삼각형 ACD에서

$$\sin\phi = \frac{CD}{AC} = \frac{CD}{AO + OC} = \frac{\frac{\sigma_v - \sigma_a}{2}}{c\cot\phi + \frac{\sigma_v + \sigma_a}{2}} \tag{7}$$

따라서 σ_a에 대해 정리하면

$$\begin{aligned}\sigma_a &= \sigma_v \frac{1 - \sin\phi}{1 + \sin\phi} - 2c\sqrt{\frac{1 - \sin\phi}{1 + \sin\phi}} \\ &= \sigma_v \tan^2(45^\circ - \frac{\phi}{2}) - 2c\tan(45^\circ - \frac{\phi}{2})\end{aligned} \tag{8}$$

$$\sigma_a = K_a\sigma_v - 2c\sqrt{K_a} \tag{9}$$

여기서, 주동토압계수 K_a는

$$K_a = \frac{1 - \sin\phi}{1 + \sin\phi} = \tan^2(45^\circ - \frac{\phi}{2}) \tag{10}$$

1.4 수동토압

그림 6(a)에서 벽체에 변위가 없다면 정지상태이므로 벽체에 작용하는 정지토압 σ_h는 $K_o\sigma_v$이며, 이때의 응력조건은 그림 6(b)에 나타낸 바와 같이 정지상태의 Mohr원이 파괴포락선 아래에 있으므로 안정된 상태이다.

벽체의 안쪽으로 수평변위가 발생하면 벽체 배면의 흙은 압축되기 때문에 정지상태에서의 수평응력 σ_h는 증가하게 된다. 따라서 그림

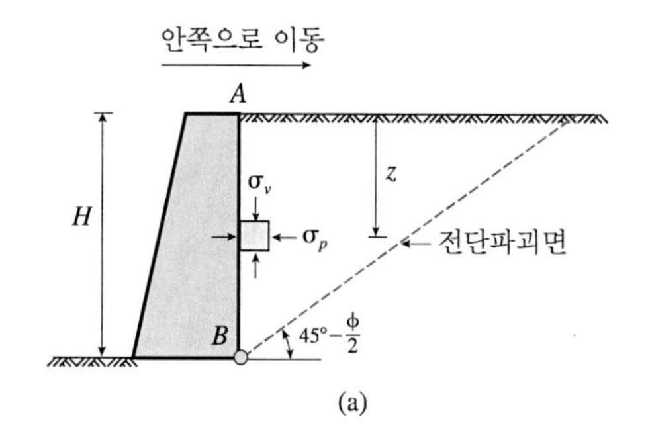

(a)

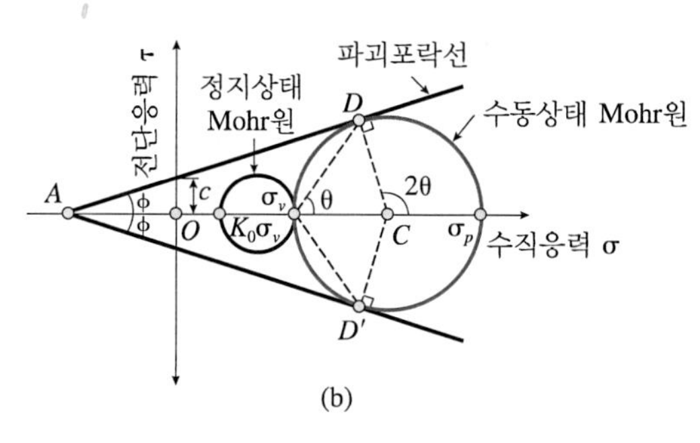

(b)

그림 6 Rankine의 수동상태

6(b)의 $K_o\sigma_v$가 증가함에 따라 Mohr원은 점차 작아지다가 연직응력 σ_v보다 커져서 파괴포락선에 접하게 되는 소성평형상태에 도달하여 전단파괴에 이르게 된다. 이때의 수평응력 σ_h를 Rankine의 수동토압 σ_p라 한다.

그림 6(b)의 삼각형 ACD에서

$$\sin\phi = \frac{CD}{AC} = \frac{CD}{AO + OC} = \frac{\frac{\sigma_p - \sigma_v}{2}}{c\cot\phi + \frac{\sigma_p + \sigma_v}{2}} \tag{11}$$

따라서 σ_p에 대해 정리하면

$$\sigma_p = \sigma_v \frac{1+\sin\phi}{1-\sin\phi} + 2c\sqrt{\frac{1+\sin\phi}{1-\sin\phi}} \tag{12}$$
$$= \sigma_v \tan^2(45^\circ + \frac{\phi}{2}) + 2c\tan(45^\circ + \frac{\phi}{2})$$

$$\sigma_p = K_p\sigma_v + 2c\sqrt{K_p} \tag{13}$$

여기서, 수동토압계수 K_p는

$$K_p = \frac{1+\sin\phi}{1-\sin\phi} = \tan^2(45^\circ + \frac{\phi}{2}) \tag{14}$$

식 (10)과 식 (14)로부터 주동토압계수 K_a와 수동토압계수 K_p는 서로 역수의 관계임을 알 수 있다.

$$K_p = \frac{1}{K_a} \tag{15}$$

1.5 비점성토에서 Rankine의 토압

1.5.1 주동토압

벽체 배면의 흙이 비점성토(c = 0)인 경우, Rankine의 주동토압은 식 (9)로부터

$$\sigma_a = K_a\sigma_v = K_a\gamma z \tag{16}$$

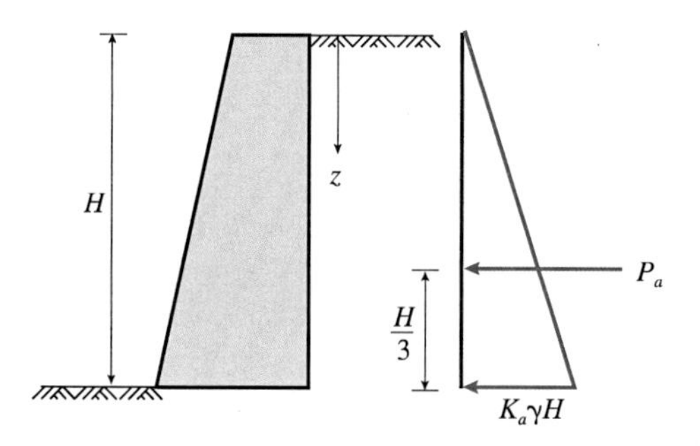

그림 7 비점성토에서 Rankine의 주동토압

그림 7에서 벽체에 작용하는 주동토압 σ_a를 식 (16)을 이용하여 구하면 벽체의 상단($z=0$)에서 $\sigma_a=0$, 하단($z=H$)에서 $\sigma_a=K_a\gamma H$가 되며 z가 증가할수록 토압이 직선적으로 증가하는 삼각형 분포가 된다. 따라서 벽체에 작용하는 전체 주동토압 P_a는 삼각형의 면적과 같다.

$$P_a=\frac{1}{2}(K_a\gamma H)\times H=\frac{1}{2}K_a\gamma H^2 \tag{17}$$

전체 주동토압 P_a는 삼각형의 도심에 작용하므로 벽체 하단에서부터 $\frac{H}{3}$ 높이에서 지표면과 평행하게 작용한다.

1.5.2 수동토압

벽체 배면의 흙이 비점성토(c = 0)인 경우, Rankine의 수동토압은 식 (13)으로부터

$$\sigma_p=K_p\sigma_v=K_p\gamma z \tag{18}$$

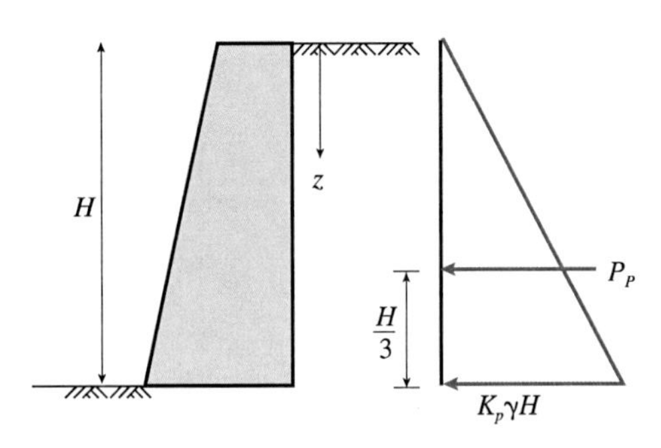

그림 8 비점성토에서 Rankine의 수동토압

그림 8에서 벽체에 작용하는 수동토압 σ_p를 식 (18)을 이용하여 구하면 벽체의 상단($z=0$)에서 $\sigma_p=0$, 하단($z=H$)에서 $\sigma_p=K_p\gamma H$가 되며 z가 증가할수록 토압이 직선적으로 증가하는 삼각형 분포가 된다. 따라서 벽체에 작용하는 전체 수동토압 P_p는 삼각형의 면적과 같다.

$$P_p=\frac{1}{2}(K_p\gamma H)\times H=\frac{1}{2}K_p\gamma H^2 \tag{19}$$

전체 수동토압 P_p는 삼각형의 도심에 작용하므로 벽체 하단에서부터 $\frac{H}{3}$ 높이에서 지표면과 평행하게 작용한다.

1.5.3 상재하중과 지하수위가 있는 경우 주동토압

벽체 배면의 흙이 비점성토($c=0$)이고 지하수가 존재하고 상재하중이 작용하고 있는 경우, Rankine의 주동토압은 식 (9)로부터

$$\sigma_a = K_a \sigma_v = K_a (q + \gamma z) \qquad (20)$$

여기서, q = 배면토에 작용하는 상재하중

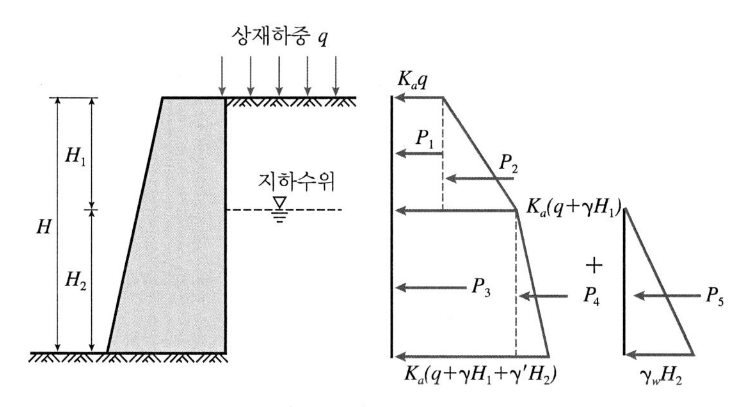

그림 9 비점성토에서 상재하중과 지하수위가 있는 경우 Rankine의 주동토압

그림 9에서 벽체에 작용하는 주동토압 σ_a를 식 (20)을 이용하여 구하면 벽체의 상단($z=0$)에서 $\sigma_a = K_a q$, 지하수면($z=H_1$)에서 $\sigma_a = K_a(q+\gamma H_1)$, 벽체의 하단($z=H_2$)에서 $\sigma_a = K_a(q+\gamma H_1+\gamma' H_2)$가 된다.

여기서, γ' =수중단위중량($\gamma' = \gamma_{sat} - \gamma_w$)

벽체에 작용하는 수압 u를 구하면 벽체의 상단($z=0$)에서 $u=0$, 지하수면($z=H_1$)에서 $u=0$, 벽체의 하단($z=H_2$)에서 $u=\gamma_w H_2$가

된다.

따라서 벽체에 작용하는 전체 주동토압 P_a는 삼각형 및 사각형의 면적을 전부 합한 값으로 다음과 같다.

$$P_a = P_1 + P_2 + P_3 + P_4 + P_5$$

$$= K_a q H_1 + \frac{1}{2} K_a \gamma H_1^2 + K_a (q + \gamma H_1) H_2 + \frac{1}{2} K_a \gamma' H_2^2 + \frac{1}{2} \gamma_w H_2^2 \quad (21)$$

합력의 모멘트는 분력의 모멘트의 합과 같기 때문에 전체 주동토압 P_a의 작용점의 위치는 벽체 하단을 기준으로 합력(P_a)의 모멘트 값과 각각의 분력(P_1, P_2, P_3, P_4, P_5)의 모멘트 값을 이용하여 구할 수 있다.

1.5.4 상재하중과 지하수위가 있는 경우 수동토압

벽체 배면의 흙이 비점성토($c = 0$)이고 지하수가 존재하고 상재하중이 작용하고 있는 경우, Rankine의 수동토압은 식 (13)으로부터

$$\sigma_p = K_p \sigma_v = K_p (q + \gamma z) \quad (22)$$

그림 10에서 벽체에 작용하는 수동토압 σ_p를 식 (22)를 이용하여 구하면 벽체의 상단($z = 0$)에서 $\sigma_p = K_p q$, 지하수면($z = H_1$)에서 $\sigma_p = K_p (q + \gamma H_1)$, 벽체의 하단($z = H_2$)에서 $\sigma_p = K_p (q + \gamma H_1 + \gamma' H_2)$

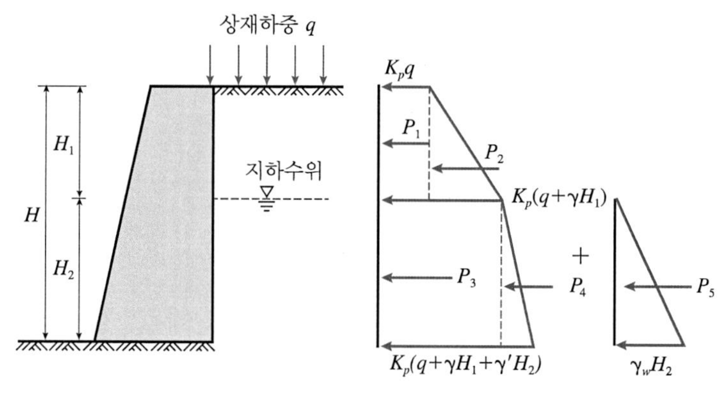

그림 10 비점성토에서 상재하중과 지하수위가 있는 경우 Rankine의 수동토압

가 된다.

벽체에 작용하는 수압 u를 구하면 벽체의 상단($z=0$)에서 $u=0$, 지하수면($z=H_1$)에서 $u=0$, 벽체의 하단($z=H_2$)에서 $u=\gamma_w H_2$가 된다.

따라서 벽체에 작용하는 전체 수동토압 P_p는 삼각형 및 사각형의 면적을 전부 합한 값으로 다음과 같다.

$$
\begin{aligned}
P_p &= P_1 + P_2 + P_3 + P_4 + P_5 \\
&= K_p q H_1 + \frac{1}{2} K_p \gamma H_1^2 + K_p (q + \gamma H_1) H_2 \\
&\quad + \frac{1}{2} K_p \gamma' H_2^2 + \frac{1}{2} \gamma_w H_2^2
\end{aligned}
\tag{23}
$$

합력의 모멘트는 분력의 모멘트의 합과 같기 때문에 전체 수동토압 P_p의 작용점의 위치는 벽체 하단을 기준으로 합력(P_p)의 모멘트 값과 각각의 분력(P_1, P_2, P_3, P_4, P_5)의 모멘트 값을 이용하여 구할 수 있다.

1.6 점성토에서 Rankine의 토압

1.6.1 주동토압

벽체 배면의 흙이 점성토($c > 0$)인 경우, Rankine의 주동토압은 식 (9)로부터

$$\sigma_a = K_a \sigma_v - 2c\sqrt{K_a} = K_a \gamma z - 2c\sqrt{K_a} \tag{24}$$

그림 11에서 벽체에 작용하는 주동토압 σ_a를 식 (24)를 이용하여 구하면 벽체의 상단($z = 0$)에서 $\sigma_a = -2c\sqrt{K_a}$, 하단($z = H$)에서 $\sigma_a = K_a \gamma H - 2c\sqrt{K_a}$가 된다.

주동상태에서는 벽체의 수평변위로 인해 흙이 무너지면서 인장되는

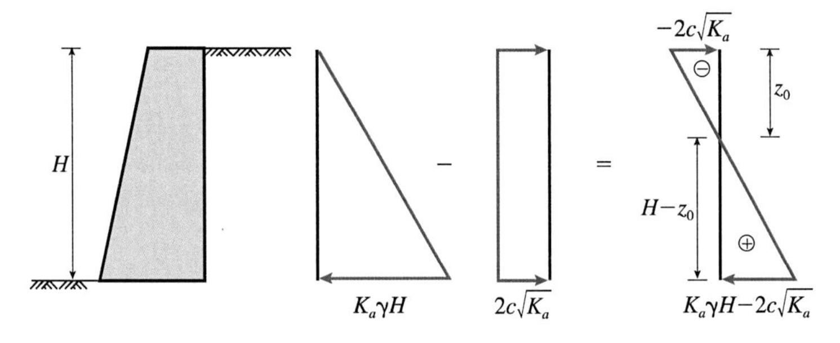

그림 11 점성토에서 Rankine의 주동토압

데 점성토의 점착력으로 인해 인장에 저항하는 토압이 동시에 작용하게 된다. 따라서 주동토압 σ_a는 그림 11에 나타낸 바와 같이 흙의 하중에 의한 삼각형 분포에서 점착력에 의한 직사각형 분포를 빼주어야 하며, 그 결과 벽체 상단에서는 (−)토압이 작용하게 된다.

배면토에서 주동토압이 0이 되는 깊이 z_0까지 균열이 발생되며, 이 깊이를 한계깊이 혹은 인장균열깊이라 한다. 한계깊이 z_0는 식 (24)로부터 구할 수 있다.

$$\sigma_a = K_a \gamma z_0 - 2c\sqrt{K_a} = 0 \tag{25}$$

따라서

$$z_0 = \frac{2c}{\gamma\sqrt{K_a}} = \frac{2c}{\gamma}\sqrt{K_p} \tag{26}$$

벽체의 배면 지반에 인장균열이 발생하기 전에 벽체에 작용하는 전체 주동토압 P_a는 삼각형의 면적에서 사각형의 면적을 뺀 값과 같다.

$$P_a = \frac{1}{2}K_a \gamma H^2 - 2c\sqrt{K_a}\,H \tag{27}$$

시간이 경과하여 벽체의 배면 지반에 인장균열이 발생한 후에는 균열로 인해 벽체에 (−)토압이 작용하지 않기 때문에 (+)토압만 고려하여 다음과 같다.

$$P_a = \frac{1}{2}(K_a \gamma H - 2c\sqrt{K_a})(H - z_0) \tag{28}$$
$$= \frac{1}{2}(K_a \gamma H - 2c\sqrt{K_a})(H - \frac{2c}{\gamma\sqrt{K_a}})$$

1.6.2 수동토압

벽체 배면의 흙이 점성토($c > 0$)인 경우, Rankine의 수동토압은 식 (13)으로부터 다음과 같다.

$$\sigma_p = K_p \sigma_v + 2c\sqrt{K_p} = K_p \gamma z + 2c\sqrt{K_p} \tag{29}$$

그림 12에서 벽체에 작용하는 수동토압 σ_p를 식 (29)를 이용하여 구하면 벽체의 상단($z = 0$)에서 $\sigma_p = 2c\sqrt{K_p}$, 하단($z = H$)에서 $\sigma_p = K_p \gamma H + 2c\sqrt{K_p}$가 된다.

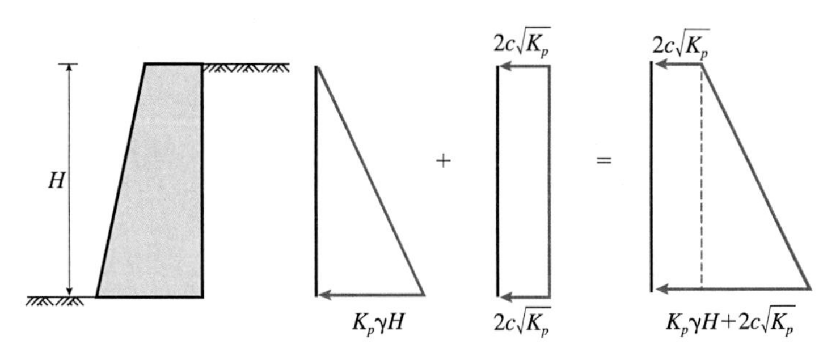

그림 12 점성토에서 Rankine의 수동토압

수동상태에서는 벽체의 수평변위로 인해 흙이 밀리면서 압축되며 점성토의 점착력에 의한 토압이 동시에 작용하게 된다. 따라서 수동 토압 σ_p는 그림 12에 나타낸 바와 같이 흙의 하중에 의한 삼각형 분포에서 점착력에 의한 직사각형 분포를 더해주어야 한다.

벽체에 작용하는 전체 수동토압 P_p는 삼각형의 면적에 사각형의 면적을 합한 값과 같다.

$$P_p = \frac{1}{2} K_p \gamma H^2 + 2c\sqrt{K_p}\,H \tag{30}$$

2 사면 해석

사면(slope)이란 그림 13에 나타낸 바와 같이 90° 이내의 경사를 이루고 있는 지표면을 말하며, 사면의 경사는 보통 비탈면이 수평면과 이루는 경사각으로 나타내거나 연직높이 대 수평거리의 비로 나타낸다. 즉, 사면경사 2는 비탈면 경사 1:2를 나타내며, 이는 연직높이 1에 대한 수평거리 2를 의미한다.

산기슭과 같이 자연적으로 형성된 자연사면, 땅을 깎아서 형성된 절토사면, 흙을 쌓아서 형성된 성토사면 등으로 구분되며, 인간에 의해 만들어진 성토 및 절토사면을 인공사면이라 한다.

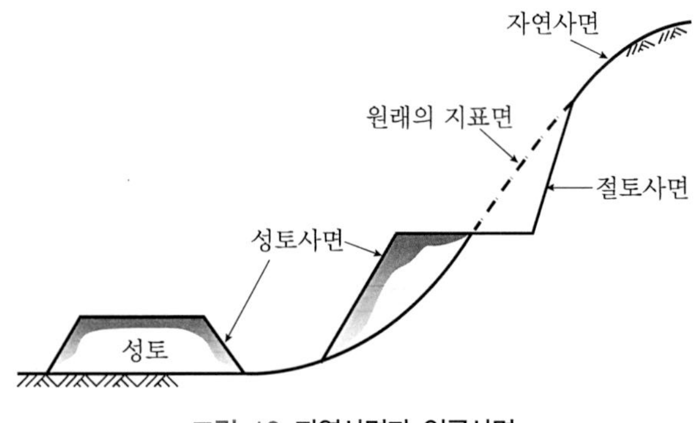

그림 13 자연사면과 인공사면

흙의 강도가 약하면 사면은 중력의 영향으로 아래 방향으로 무너져 내리게 되는데, 이때 파괴되는 면을 파괴면 혹은 활동면(sliding plane)이라 한다. 따라서 사면의 안정성을 평가하기 위해서는 여러 가능한 파괴면들을 가정하고 각각에 대한 안전율을 구해서 그중 안전율이 최소인 것을 그 사면의 안전율로 한다.

사면은 무한사면과 유한사면으로 구분된다.

무한사면(infinite slope)은 그림 14(a)에 나타낸 바와 같이 사면의 길이가 활동 깊이에 비해 매우 긴 사면을 말하며 주로 견고한 지층을 따라 발생되는 평면활동에 의해 파괴된다.

유한사면(finite slope)은 사면의 길이가 활동 깊이에 비해 비교적 짧은 사면을 말하며 주로 균질한 흙에서 발생되는 원호활동(그림 14(b)), 비균질한 흙에서 발생되는 비원호활동(그림 14(c)), 연약한 지층을 따라 발생되는 복합활동(그림 14(d)) 등에 의해 파괴된다.

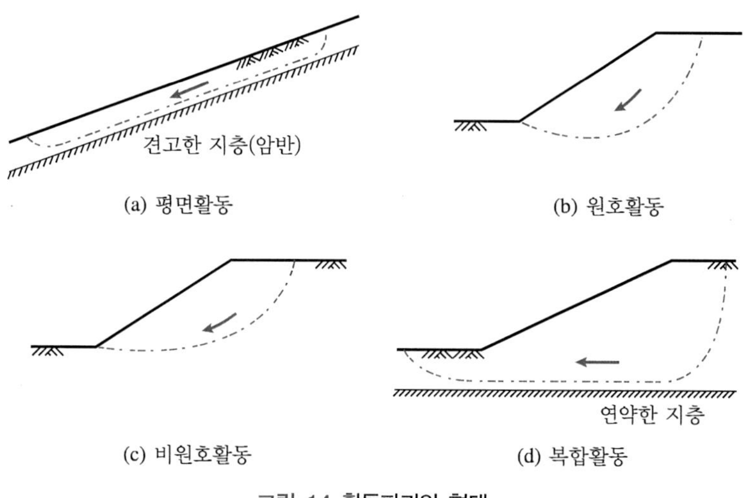

그림 14 활동파괴의 형태

2.1 안전율

2.1.1 파괴면이 평면인 경우

사면의 파괴면이 평면인 경우, 사면의 안전율 F_s는 흙의 전단강도(활동면에서 흙이 저항하는 힘)에 대한 전단응력(활동면을 따라 흙을 파괴시키려는 힘)으로 나타내며 다음과 같다.

$$F_s = \frac{\tau_f}{\tau} \tag{31}$$

$$F_s = \frac{c + \sigma \tan\phi}{\tau} \tag{32}$$

여기서, F_s = 안전율(factor of safety)

τ_f = 흙의 전단강도

τ = 파괴면을 따라 발생하는 전단응력

c = 점착력

σ = 파괴면에 작용하는 수직응력

ϕ = 내부마찰각

2.1.2 파괴면이 원호인 경우

사면의 파괴면이 원호인 경우, 사면의 안전율 F_s는 흙의 저항모멘트(전단강도에 의한)에 대한 활동모멘트(전단응력에 의한)로 나타내며 다음과 같다.

$$F_s = \frac{M_r}{M_d} \tag{33}$$

따라서 안전율 F_s가 1.0보다 크면 이론적으로 사면은 안전하지만, 일반적으로 다음과 같이 구분한다.

$F_s < 1$: 불안전

$1 < F_s < 1.3$: 안전하지만 다소 불안전

$F_s > 1.3$: 굴착사면 및 성토사면은 안전하지만, 흙댐사면 불안전

$F_s > 1.5$: 흙댐사면 안전

2.2 무한사면

2.2.1 침투가 없는 무한사면

침투가 없는 무한사면에서는 지하수에 의한 간극수압의 영향을 고려할 필요가 없다. 그림 15에 나타낸 바와 같이 중력의 영향으로 파괴면 AB 위의 흙이 우측에서 좌측 방향으로 이동하면서 사면의 파괴가 발생하는 경우, 파괴면 AB에 작용하는 수직응력 σ 및 전단응력 τ를 구하면 안전율 F_s를 계산할 수 있다.

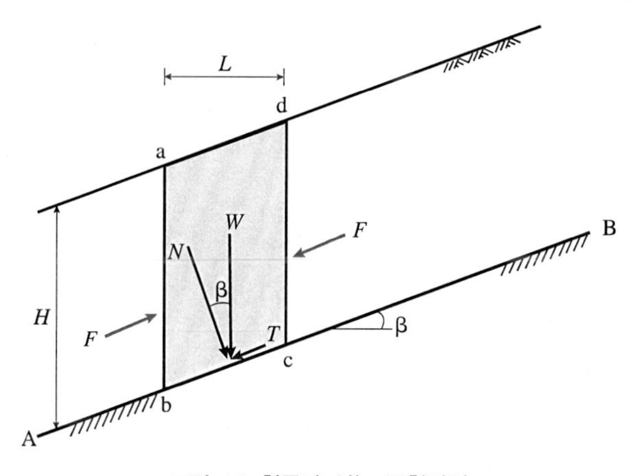

그림 15 침투가 없는 무한사면

길이가 매우 긴 사면이나 옹벽 등에 대한 해석은 3차원 해석이 아닌 평면변형개념(plane strain concept)에 바탕을 둔 2차원 해석을 한다. 따라서 길이 방향의 변형을 0으로 보고 사면의 폭을 1.0(단위폭)

으로 간주하고 해석할 수 있다.

파괴면 AB에 작용하는 수직응력 및 전단응력은 그림 15에서 단위 폭을 갖는 절편 abcd 체적에 대한 흙의 중량을 알아야 구할 수 있다.

$$W = \gamma \times L \times H \times 1 = \gamma L H \tag{34}$$

여기서, W = 흙의 중량

γ = 흙의 단위중량

L = 평면 AB에서 bc 간 수평거리

H = 사면의 높이

파괴면 AB에 수직으로 작용하는 힘 N과 평행하게 작용하는 힘 T를 구하면,

$$N = W\cos\beta = \gamma L H \cos\beta \tag{35}$$

$$T = W\sin\beta = \gamma L H \sin\beta \tag{36}$$

따라서 수직 응력 σ와 전단응력 τ는 다음과 같다.

$$\sigma = \frac{N}{\frac{L}{\cos\beta} \times 1} = \frac{\gamma L H \cos\beta}{\frac{L}{\cos\beta} \times 1} = \gamma H \cos^2\beta \tag{37}$$

$$\tau = \frac{T}{\frac{L}{\cos\beta} \times 1} = \frac{\gamma L H \sin\beta}{\frac{L}{\cos\beta} \times 1} = \gamma H \cos\beta \sin\beta \tag{38}$$

파괴면 AB에 작용하는 전단강도 τ_f는

$$\tau_f = c + \sigma \tan\phi = c + \gamma H \cos^2\beta \tan\phi \tag{39}$$

따라서 안전율 F_s는

$$F_s = \frac{\tau_f}{\tau} = \frac{c + \gamma H \cos^2\beta \tan\phi}{\gamma H \cos\beta \sin\beta} \tag{40}$$

사질토 지반의 경우, $c = 0$이므로 안전율 F_s는

$$F_s = \frac{\tan\phi}{\tan\beta} \tag{41}$$

사질토 지반에서는 사면의 경사각 β가 사질토의 내부 마찰각 ϕ보다 작으면 안전하며, 사면의 높이 H와는 무관함을 알 수 있다.

2.2.2 침투가 있는 무한사면

그림 16에 나타낸 바와 같이 지하수위가 파괴면 AB로부터 mH이며 사면과 평행하게 침투가 발생하는 경우, 간극수압의 영향을 고려하여야 한다.

절편 abcd 체적에 대한 흙의 중량 W는

$$W = \gamma(1-m)HL + \gamma_{sat} m HL = [\gamma(1-m) + \gamma_{sat} m] HL \tag{42}$$

여기서, γ_{sat} = 흙의 포화단위중량

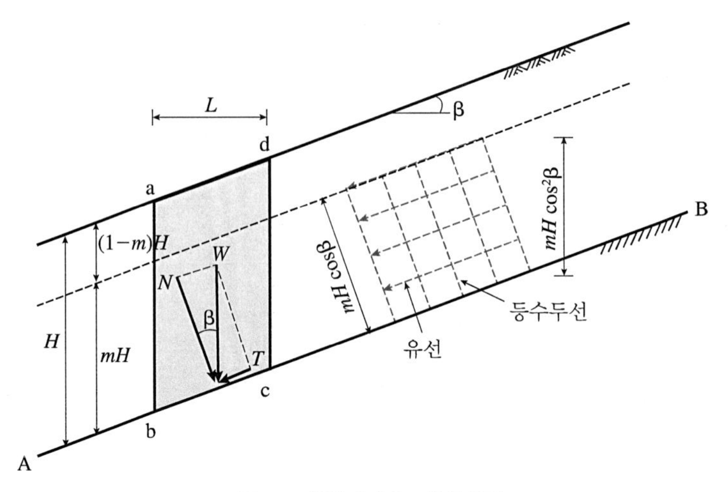

그림 16 침투가 있는 무한사면

파괴면 AB에 수직으로 작용하는 힘 N과 평행하게 작용하는 힘 T를 구하면,

$$N = W\cos\beta = [\gamma(1-m) + \gamma_{sat} m] HL\cos\beta \tag{43}$$

$$T = W\sin\beta = [\gamma(1-m) + \gamma_{sat} m] HL\sin\beta \tag{44}$$

따라서 수직응력 σ와 전단응력 τ는 다음과 같다.

$$\sigma = \frac{N}{\frac{L}{\cos\beta}} = \frac{[\gamma(1-m) + \gamma_{sat} m] HL\cos\beta}{\frac{L}{\cos\beta}} = [\gamma(1-m) + \gamma_{sat} m] H\cos^2\beta \tag{45}$$

$$\tau = \frac{T}{\frac{L}{\cos\beta}} = \frac{[\gamma(1-m) + \gamma_{sat} m] HL\sin\beta}{\frac{L}{\cos\beta}} = [\gamma(1-m) + \gamma_{sat} m] H\cos\beta\sin\beta \tag{46}$$

여기서 파괴면 AB에 작용하는 간극수압 u는

$$u = \gamma_w m H \cos^2 \beta \tag{47}$$

따라서 파괴면 AB에 작용하는 전단강도 τ_f는

$$\tau_f = c + \sigma' \tan \phi = c + (\sigma - u) \tan \phi \tag{48}$$

여기서, σ = 파괴면에 작용하는 수직응력(전응력)

σ' = 유효응력

u = 간극수압

$$\tau_f = c + [[\gamma(1-m) + \gamma_{sat} m] H \cos^2 \beta - \gamma_w m H \cos^2 \beta] \tan \phi \tag{49}$$

따라서 안전율 F_s는

$$\begin{aligned} F_s &= \frac{\tau_f}{\tau} \\ &= \frac{c + [[\gamma(1-m) + \gamma_{sat} m] H \cos^2 \beta - \gamma_w m H \cos^2 \beta] \tan \phi}{[\gamma(1-m) + \gamma_{sat} m] H \cos \beta \sin \beta} \end{aligned} \tag{50}$$

지하수위가 지표면과 일치하는 경우, $m = 1$을 대입하면

$$\begin{aligned} F_s &= \frac{\tau_f}{\tau} = \frac{c + (\gamma_{sat} H \cos^2 \beta - \gamma_w H \cos^2 \beta) \tan \phi}{\gamma_{sat} H \cos \beta \sin \beta} \\ &= \frac{c + \gamma' H \cos^2 \beta \tan \phi}{\gamma_{sat} H \cos \beta \sin \beta} \end{aligned} \tag{51}$$

여기서, γ' = 흙의 수중단위중량($\gamma' = \gamma_{sat} - \gamma_w$)

사질토 지반의 경우 $c = 0$이므로 안전율 F_s는

$$F_s = \frac{\gamma' \tan\phi}{\gamma_{sat} \tan\beta} \tag{52}$$

2.3 유한사면

2.3.1 평면활동을 일으키는 유한사면

댐이나 연약지층 위의 성토사면의 경우 활동면을 평면으로 가정하여 해석하기도 한다. Culmann은 균질한 흙으로 구성된 유한사면에서 파괴면이 사면의 선단(toe)을 지나는 평면이라고 가정하고 해석적으로 사면의 안전율을 구하는 방법을 제안하였다.

그림 17에 나타낸 바와 같이 높이가 H인 유한사면이 수평면과 이루는 경사각이 β이고 파괴면과 수평면이 이루는 경사각이 θ인 경우,

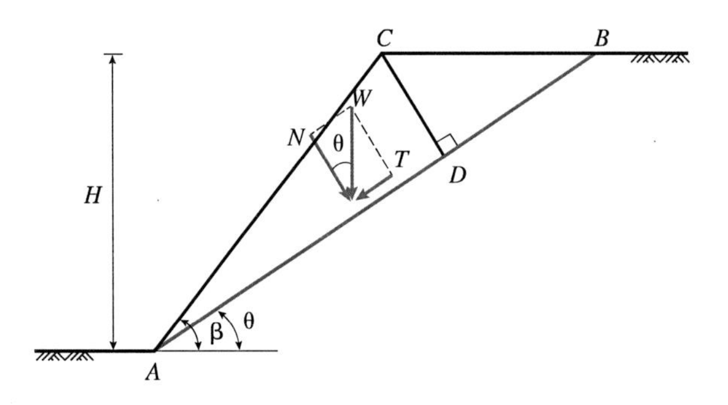

그림 17 평면활동을 일으키는 유한사면

단위폭을 갖는 쐐기 ABC 체적에 대한 흙의 중량 W를 구하면 다음과 같다.

$$W = \frac{1}{2} \times AB \times CD \times 1 \times \gamma = \frac{1}{2} \gamma H^2 \frac{\sin(\beta - \theta)}{\sin\beta \sin\theta} \qquad (53)$$

여기서, γ = 흙의 단위중량

H = 사면의 높이

$$AB = \frac{H}{\sin\theta}$$

$$AC = \frac{H}{\sin\beta}$$

$$CD = AC\sin(\beta - \theta)$$

파괴면 AB에 수직으로 작용하는 힘 N과 평행하게 작용하는 힘 T를 구하면,

$$N = W\cos\theta = \frac{1}{2} \gamma H^2 \frac{\sin(\beta - \theta)}{\sin\beta \sin\theta} \cos\theta \qquad (54)$$

$$T = W\sin\theta = \frac{1}{2} \gamma H^2 \frac{\sin(\beta - \theta)}{\sin\beta \sin\theta} \sin\theta \qquad (55)$$

따라서 수직응력 σ와 전단응력 τ는 다음과 같다.

$$\sigma = \frac{N}{\frac{H}{\sin\theta} \times 1} = \frac{1}{2} \gamma H \frac{\sin(\beta - \theta)}{\sin\beta \sin\theta} \cos\theta \sin\theta \qquad (56)$$

$$\tau = \frac{T}{\frac{H}{\sin\theta} \times 1} = \frac{1}{2}\gamma H \frac{\sin(\beta - \theta)}{\sin\beta \sin\theta} \sin^2\theta \tag{57}$$

파괴면 AB에 작용하는 전단강도 τ_f는

$$\tau_f = c + \sigma \tan\phi = c + \frac{1}{2}\gamma H \frac{\sin(\beta - \theta)}{\sin\beta \sin\theta} \cos\theta \sin\theta \tan\phi \tag{58}$$

여기서, c = 점착력

ϕ = 내부마찰각

전단응력과 전단강도가 같으면 임계평형상태이므로

$$\begin{aligned} &\frac{1}{2}\gamma H \frac{\sin(\beta - \theta)}{\sin\beta \sin\theta} \sin^2\theta \\ &\quad = c + \frac{1}{2}\gamma H \frac{\sin(\beta - \theta)}{\sin\beta \sin\theta} \cos\theta \sin\theta \tan\phi \end{aligned} \tag{59}$$

임계상태(critical state)에서의 파괴면은 내부마찰각 ϕ가 일정하고 점착력 c가 최대일 때 파괴면과 수평면이 이루는 경사각 θ를 알면 구할 수 있으므로, 식 (59)를 정리하면

$$c = \frac{1}{2}\gamma H \frac{\sin(\beta - \theta)(\sin\theta - \cos\theta \tan\phi)}{\sin\beta} \tag{60}$$

θ에 대한 c의 1차 도함수는 0이고 γ, H, β는 상수이므로

$$\frac{\partial}{\partial\theta}[\sin(\beta - \theta)(\sin\theta - \cos\theta \tan\phi)] = 0 \tag{61}$$

따라서

$$c = \frac{\gamma H}{4} \frac{1-\cos(\beta-\phi)}{\sin\beta\cos\phi} \tag{62}$$

식 (62)로부터 임계평형상태에서 사면의 최대높이 H_{cr}(임계높이)은 다음과 같다.

$$H_{cr} = \frac{4c}{\gamma} \frac{\sin\beta\cos\phi}{1-\cos(\beta-\phi)} \tag{63}$$

2.3.2 원호활동을 일으키는 유한사면

유한사면이 원호 형태로 파괴를 일으키는 경우 다음과 같은 3가지 유형이 있다.

- 선단파괴

활동면이 사면의 선단을 통과하는 사면파괴를 말하며, 경사가 급하고 비점착성의 흙에서 활동면이 비교적 얕게 형성되는 경우 잘 일어난다.

- 저부파괴

활동면이 사면의 선단 아래를 통과하는 사면파괴를 말하며, 경사가 완만하고 점착성의 흙에서 원호활동이 깊게 형성되는 경우 잘 일어난다.

- 사면 내 파괴

활동면이 사면의 경사면을 통과하는 사면파괴를 말하며, 견고한 지층이 얕은 곳에 있는 경우 잘 일어난다.

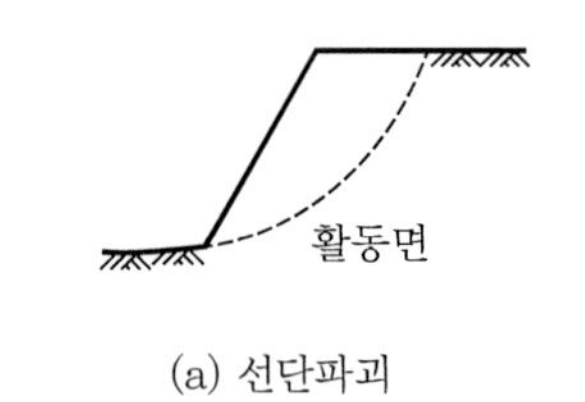

(a) 선단파괴

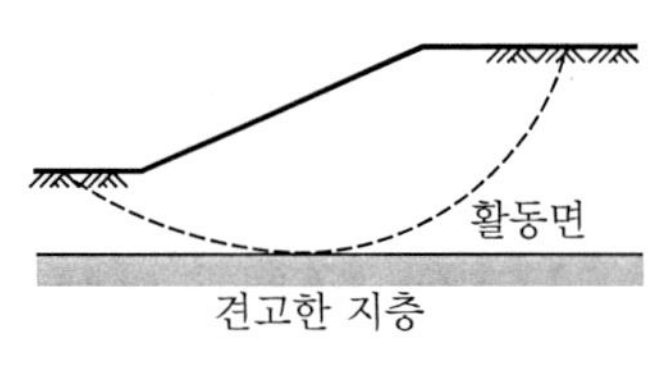

(b) 저부파괴

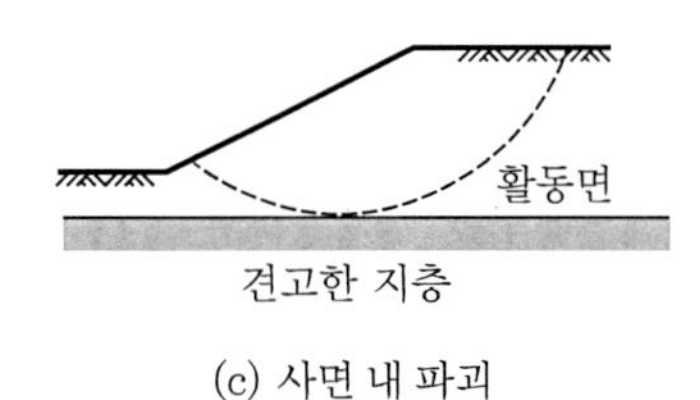

(c) 사면 내 파괴

그림 18 유한사면의 파괴 형태

원호활동을 일으키는 유한사면의 안정해석은 다음과 같다.

- 일체법

일체법(mass procedure)은 보통 균질한 흙에 적용할 수 있으며, 미끄러져 내리는 흙을 하나의 덩어리로 해석하는 방법이다.

- 절편법

절편법(slice method)은 흙이 균질하지 않고 간극수압을 고려해야 하는 경우 적용할 수 있으며, 미끄러져 내리는 흙을 여러 개의 절편으로 나누어 해석하는 방법이다.

2.3.3 일체법에 의한 유한사면의 해석

(1) $\phi=0$ 해석법

$\phi=0$ 해석법은 포화된 균질한 점토로 이루어진 사면으로 비배수 상태인 경우에 해당되며, 그림 19에 나타낸 바와 같이 O점을 중심으로 하고 반경이 r인 원호를 활동면으로 가정한다.

사면을 파괴시키려는 활동모멘트 M_d는 흙의 중량 W에 의한 모멘트에 해당되며, 파괴에 저항하는 저항모멘트 M_r은 활동면을 따라 발생되는 점착력 c에 의한 모멘트에 해당된다.

$$M_d = Wd \tag{64}$$

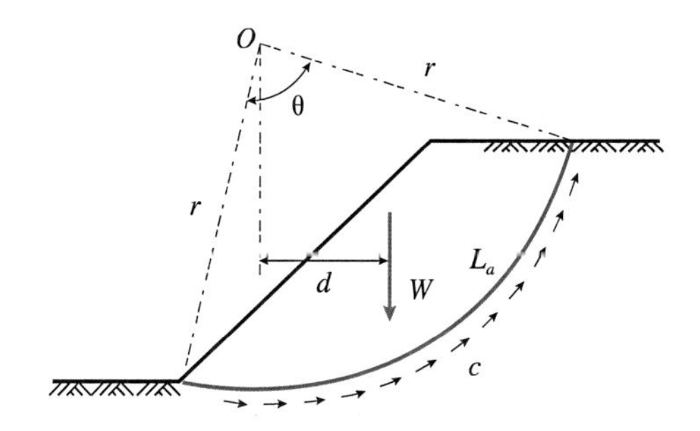

그림 19 일체법에 의한 유한사면의 해석($\phi=0$ 해석법)

$$M_r = (c \times L_a \times 1) \times r \tag{65}$$

$$L_a = 2 \times \pi \times r \times \left(\frac{\theta}{360}\right) \tag{66}$$

여기서, d = 원의 중심 O에서 W의 작용선까지의 거리

c = 점착력

L_a = 활동면의 길이

r = 원의 반경

따라서 사면의 안전율은

$$F_s = \frac{M_r}{M_d} = \frac{c L_a r}{W d} \tag{67}$$

(2) $\phi > 0$ 해석법

$\phi > 0$인 균질한 흙의 사면 안정을 해석하는 방법으로 마찰원법이라고도 한다.

그림 20(a)에 나타낸 바와 같이 임의의 활동면 AC를 가정하고, 내부마찰각에 대한 안전율 F_ϕ와 점착력에 대한 안전율 F_c를 구해서 F_ϕ와 F_c가 일치하는 값을 최소안전율 F_s로 한다. 이를 위하여 F_ϕ를 가정하고 F_c를 구한 후, F_ϕ를 다시 가정하여 반복 계산을 통해 구한 여러 개의 F_ϕ와 F_c를 관계곡선(그림 20(d))에 작도하여 최소안전율

F_s를 구한다.

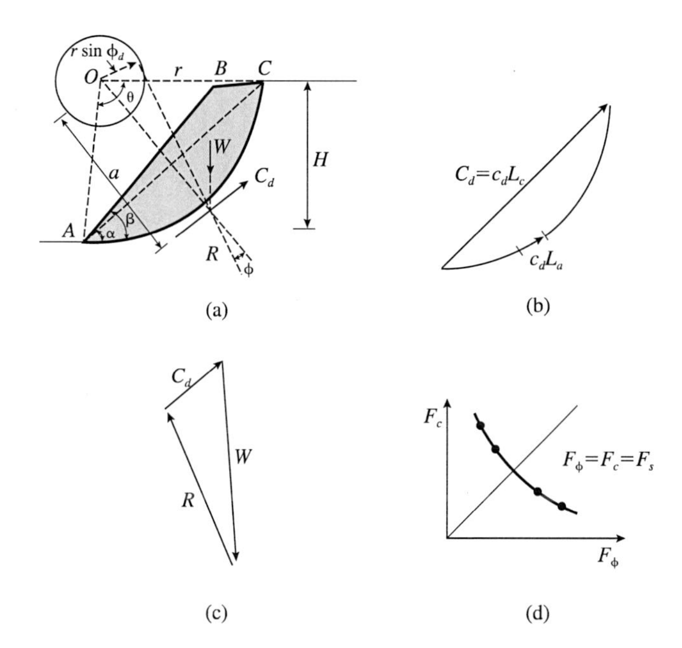

그림 20 일체법에 의한 유한사면의 해석($\phi > 0$ 해석법)

마찰원법에 의한 안정해석의 순서는 다음과 같다.

① 그림 20(a)와 같이 중심 O에서 반지름 r, 중심각 θ인 활동원을 가정한다.

② r과 θ로부터 호의 길이 L_a와 현의 길이 L_c를 구한다.

③ 내부마찰각에 대한 안전율 F_ϕ 값을 가정하여 ϕ_d를 구한다.

$$F_\phi = \frac{\tan\phi}{\tan\phi_d} \tag{68}$$

여기서, ϕ = 흙의 내부마찰각

ϕ_d = 외력이 작용할 때 저항하는 내부마찰각

$$\phi_d = \tan^{-1}\left(\frac{\tan\phi}{F_\phi}\right) \tag{69}$$

④ 중심 O에서 반지름이 $r\sin\phi_d$인 마찰원(friction circle)을 그린다.

⑤ L_c에 평행한 점착력의 합력 C_d의 작용 위치까지의 거리 a를 구한다.

점착력에 대한 안전율 F_c는

$$F_c = \frac{c}{c_d} \tag{70}$$

여기서, c = 흙의 점착력

c_d = 외력이 작용할 때 저항하는 점착력

활동면 L_a에 작용하는 점착력으로 인해 발생되는 저항력의 합은 그림 20(b)에 나타낸 바와 같이 c_dL_a이므로, L_c에 평행하게 작용하는 점착력의 합력 C_d를 c_dL_c라 하면 다음과 같다.

$$c_d \times L_a \times r = c_d \times L_c \times a \tag{71}$$

$$c_d \times L_a \times r = C_d \times a \tag{72}$$

여기서, a = 중심 O에서 C_d의 작용 위치까지의 거리

L_a가 L_c보다 크기 때문에 등식이 성립하기 위해서 a가 r보다 커야 한다.

따라서 중심 O에서 C_d의 작용점까지의 거리 a는 다음과 같다.

$$a = \frac{c_d \times L_a \times r}{C_d} \tag{73}$$

⑥ 그림 20(c)에 나타낸 바와 같이 힘의 폐합다각형을 작도하여 C_d의 크기를 구한다.

흙쐐기 ABC의 중량 W를 구하고, 그림 20(a)에서 C_d의 작용점과 W가 만나는 교점에서 마찰원과 접하는 직선을 그리고 반력 R을 작도하여 C_d의 크기를 구한다.

⑦ C_d를 이용하여 활동에 저항하는 점착력 c_d를 구한다.

$$c_d = \frac{C_d}{L_c} \tag{74}$$

⑧ 식 (70)을 이용하여 점착력에 대한 안전율 F_c를 구한다.

⑨ 내부 마찰각에 대한 안전율 F_ϕ를 다시 가정하여 ③~⑧의 과정을 반복하여 점착력에 대한 안전율 F_c를 구한다.

⑩ 그림 20(d)에 나타낸 바와 같이 F_ϕ와 F_c의 관계곡선을 작도하고, 가로축과 45°로 그은 직선이 이 곡선과 만나는 값($F_\phi = F_c = F_s$)을 구한다.

2.3.4 절편법에 의한 유한사면의 해석

절편법(slice method)은 임의의 활동면을 가정하고, 활동면 위의 흙을 여러 개의 절편으로 나누고 각 절편에 작용하는 힘을 구해서 절편에 대한 안전율을 결정하는 방법이다. 절편법에는 여러 다양한 방법이 있는데 이들 중 가장 보편적인 방법인 Fellenius의 간편법(simplified method)은 다음과 같다.

Fellenius 해석법은 Swedish method라고도 하며, 사면의 단기 안정해석에 유효하고, 계산이 비교적 간편하며, 안전율 F_s를 반복 계산 없이 바로 계산할 수 있는 유일한 절편법이다.

그림 21(a)에 나타낸 바와 같이 활동파괴면 위의 흙을 몇 개의 연직절편으로 나눈다. 이때 각 절편의 폭을 동일하게 할 필요는 없다. α의 값은 (+)일 수도 있고, (−)일 수도 있다.

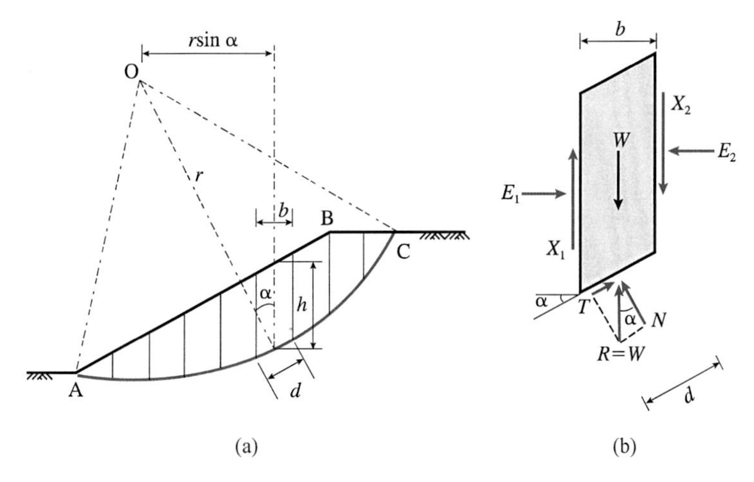

그림 21 절편법에 의한 유한사면의 해석(Fellenius 해석법)

그림 21(b)에서 절편의 측면에 작용하는 수직력 E_1과 절편의 측면에 작용하는 전단력 X_1의 합력이 E_2와 X_2의 합력과 크기가 같고 그 작용선이 일치한다고 가정하여 절편의 양쪽에 작용하는 힘들을 무시하고 계산할 수 있다.

절편의 중량을 W, 절편 바닥면에서 반력 R에 대한 직각 방향의 성분을 N, 접선 방향의 성분을 T라 하면

$$N = W\cos\alpha \tag{75}$$

$$T = \tau_f d = (c + \sigma\tan\phi)d = cd + N\tan\phi \tag{76}$$

따라서 중심 O에 대한 활동모멘트 M_d와 저항모멘트 M_r을 구하면 다음과 같다.

$$M_d = \sum Wr\sin\alpha \tag{77}$$

$$M_r = \sum Tr = r\sum(cd + N\tan\phi) \tag{78}$$

사면의 안전율 F_s는

$$F_s = \frac{M_r}{M_d} = \frac{r\sum(cd + N\tan\phi)}{\sum Wr\sin\alpha} = \frac{\sum(cd + W\cos\alpha\tan\phi)}{\sum W\sin\alpha} \tag{79}$$

MEMO

MEMO

참고문헌

- 토질역학　권호진 외 3인 공저　구미서관　2009
- 토질역학　김기웅, 문홍덕 공저　구미서관　2015
- 지반공학자를 위한 압밀의 이론과 실제　김수삼 외 6인 공저　구미서관　2010
- 연약지반의 설계화 시공　이송 외 3인 공저　구미서관　2003
- 연약지반의 공학적 이해　김상규　청문각　2010
- 현장실무를 위한 지반공학　최인걸, 박영목 공저　구미서관 2011
- 건설현장 실무자를 위한 연약지반 기본이론 및 실무　박태영 외 5인 공저　씨아이알　2013
- 토양지하수환경　이민효 외 4인 공저　동화기술　2008
- 광해방지공학　권현호, 남광수 공저　동화기술　2009
- 환경지반공학　한중근, 이명호 공역　새론　2007
- 토양복원공학　정승우 외 2인 공저　동화기술　2009
- 유기화합물 이야기　현종오, 이종찬 공역　아카데미서적　2004
- 환경오염과 복원기술　김동주　고려대학교출판부　2007

- 絵とき土質力学　安川郁夫 今西清志 立石義孝 共著　Ohmsha 2000
- はじめて学ぶ土壌·地下水汚染　公益社団法人 地盤工学　2010
- 軟弱地盤対策工法 - 調査·設計から施工まで -　社団法人 地盤工学 1988
- 軟弱地盤対策入門　土質工学　1985

- わかる土質力学220問　安田進　理工図書　2009
- ゼロからはじめる建築の「施工」入門　原口秀昭　彰国社　2013

- Engineering Treatment of Soils　F.G. Bell　E & FN SPON 1993
- Advanced Soil Mechanics　Braja M. Das　McGraw-Hill Book Company　1983
- Solving Problems in: Soil Mechanics　B.H.C. Sutton　Longman Scientific & Technical　1993
- Soil Mechanics & Foundations　Muni Budhu　John Wiley & Sons, INC.　2000
- Fundamentals of Soil Behavior　J.K. Mitchell and Kenichi Soga John Wiley & Sons, INC.　2005
- Soil Mechanics Concepts and Applications　William Powrie　E & FN SPON　1997
- Hazardous Waste Management　Michael D. Lagrega, Phillip L. Buckingham and Jeffrey C. Evans　McGraw-Hill　2001
- Introduction to Environmental Geotechnology　H.Y. Fang　CRC Press　1997

기초부터 배우는
지반개량 및 환경복원

2017년 12월 15일 1판 1쇄 펴냄
지은이 이명호 | 펴낸이 류원식 | 펴낸곳 (주)교문사(청문각)

편집부장 김경수 | 책임진행 김보마 | 본문편집 OPS design | 표지디자인 유선영
제작 김선형 | 홍보 김은주 | 영업 함승형 · 박현수 · 이훈섭
주소 (10881) 경기도 파주시 문발로 116(문발동 536-2) | 전화 1644-0965(대표)
팩스 070-8650-0965 | 등록 1968. 10. 28. 제406-2006-000035호
홈페이지 www.cheongmoon.com | E mail cmg@cmgpg.co.kr
ISBN 978-89-6364-343-4 (93530) | 값 23,800원

* 잘못된 책은 바꿔 드립니다. * 저자와의 협의 하에 인지를 생략합니다.

청문각은 ㈜교문사의 출판 브랜드입니다.